岩波科学ライブラリー 165

新版
バナッハ-タルスキーの
パラドックス

砂田利一

岩波書店

まえがき

「自らを無知なる者として知ることが篤ければ篤いほど，人はいよいよ学識ある者となるであろう」

――ニコラウス・クザーヌス

　20世紀に得られた数学の様々な結果の中で，内容の奇抜さにおいてとりわけ特異な位置を占めるのが，バナッハ-タルスキーの定理である．そのあまりに奇妙な結論から，人はそれをバナッハ-タルスキーのパラドックス（逆理）ともよぶ．本書では，この定理を話題の中心におき，ゼノンのパラドックスを代表とする，「無限」が関わる様々な逆理について，一般読者を対象に解説することを目標とする．

　ところでバナッハ-タルスキーのパラドックスといっても，まったく聞いたことがないという人がほとんどかもしれない．たしかにこのパラドックスは，前世紀に「発見」された新参者であり，その背景にあるフィロソフィを正確に述べるには現代数学の知識を必要とすることもあって，どちらかといえば数学者の仲間内だけで話題になるものである．それにくらべて，古代ギリシャのゼノンが提起したパラドックスは長い歴史をもち，その内容も込めて多くの人達によって知られている．

　しかし，双方とも「無限」の概念が生み出すパラドックスということでは共通している．ゼノンのパラドックスは，「無限」というものがいまだイデアとはなりきれず，数学者や哲学者にとっては畏怖の対象だった時代に生まれ，バナッハ-タルスキーのパラドックスは，「無限」をイデアとして数学に取り込んだ20世紀のはじめ

からそう時が経っていない頃に発見されたものである.だから,この2つのパラドックスについて論じることは,「無限」概念の史的発展を解説することにもなる.もっといえば,数学という学問が古代ギリシャに生まれて以来,2500年かけて数学者が取り込んできた「無限」の論理が,はたして十分な正当性を有するのかを検討することにもなる.

読者はこう考えるかもしれない.20世紀に得られた結果とは言え,余りにも特異な内容であるから,現代数学の中の位置づけとしては傍流に属し,他の重要な分野とは関わりがないのではないか.確かにバナッハ−タルスキーのパラドックスは,1960年代までは数学の他の分野から孤立した結果であったが,離散群という数学的対象に目が向けられるとともに,多くの数学者の興味を引き始めた.現在では,群論ばかりでなく微分幾何学や関数解析学でも関連する研究がなされつつある.この意味で,今日的話題の1つなのである.

ここで千言万語を費やしてもあまり意味がない.最初の章で,さっそくバナッハ−タルスキーのパラドックスとは何かを明らかにしよう.幅広い読者層を考慮に入れて,本書では数式を用いることは可能なかぎり避けるつもりである.やむなく数式を使うときも,それは理解の助けになる程度にとどめ,できるだけ平易な文章で表現する.したがって,本書の内容は,高校で学ぶ数学の知識だけで理解できると信ずる.とは言え本来,数学の真価は証明の中にこそある.そこで,バナッハ−タルスキーの定理の証明に興味をもつ読者のために,付録1で証明の解説をすることにした.大学の数学科2年生程度の知識があれば,理解は可能なはずである.ぜひ挑戦してほしい.また,本文の中に登場する「背理法による存在証

明」や「アルゴリズム」に関連した記事として，雑誌「科学」(2007年10月)に掲載された論説「人間業と御神託」を付録2として付け加えた．

　最後に，本書は1997年に出版された同じタイトルの縦書きの本に訂正・加筆を行なったものであることをお断りしておく．

目　次

まえがき

第1章 バナッハ–タルスキーの
パラドックスとは何か 1

第2章 数学的矛盾——数理論理学入門 11

第3章 バナッハ–タルスキーの
定理が意味するもの 23

第4章 無限の彼方に向かって 41

第5章 バナッハ–タルスキーの
定理の背景にあるもの 61

付録1　バナッハ–タルスキーの定理の証明 87

付録2　人間業と御神託 102

あとがき 107

参考文献 111

索　引 113

挿画(イラスト)：新井優子

第1章 バナッハ–タルスキーの パラドックスとは何か

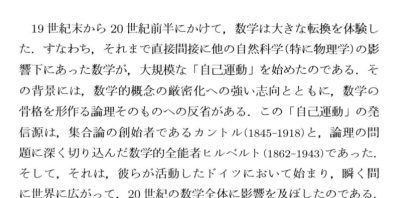

　19世紀末から20世紀前半にかけて,数学は大きな転換を体験した.すなわち,それまで直接間接に他の自然科学(特に物理学)の影響下にあった数学が,大規模な「自己運動」を始めたのである.その背景には,数学的概念の厳密化への強い志向とともに,数学の骨格を形作る論理そのものへの反省がある.この「自己運動」の発信源は,集合論の創始者であるカントル(1845-1918)と,論理の問題に深く切り込んだ数学的全能者ヒルベルト(1862-1943)であった.そして,それは,彼らが活動したドイツにおいて始まり,瞬く間に世界に広がって,20世紀の数学全体に影響を及ぼしたのである.その結果,数学的概念は,すべて集合の言葉で語られ,数学理論は研ぎ澄まされた論理の下に再構築されることになった.

　本書の主題であるバナッハ–タルスキーのパラドックスは,この「自己運動」から生まれた定理の1つである.それは,ポーランドという小国の数学者たちが「無限」と邂逅し,その不思議な世界に導かれていく歴史に刻まれた,1つの象徴的結果である.

　本章では,バナッハ–タルスキーのパラドックスの内容を述べた後,一般のパラドックスについての注意と,その中で重要な鍵となる「矛盾」について言及する.

バナッハ-タルスキーの定理

バナッハとタルスキーは，ともに 20 世紀の前半に活躍したポーランドの数学者である．1924 年，この 2 人が，次のような不可思議な「事実」を発見した[*1]．

バナッハ-タルスキーのパラドックス

大きさの異なる 2 つの球体 K と L を考える．このとき，K を適当に有限個に分割し，それらを同じ形のまま適当な方法で寄せ集めることによって，L を作ることができる(図 1)．

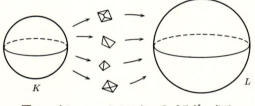

図 1 バナッハ-タルスキーのパラドックス

読者の中には，すぐに奇妙さを感じた人もいると思う．たとえば，もし K が素粒子程度の大きさ，L が太陽の大きさとすると，本当にそんなことができるのかと，訝しく思うに違いない．そんな極端なことを考えなくても，1 つの金塊を 2 倍にするような手品のようにも思える．でも，種も仕掛けもない，これは純粋に数学的な「事実」なのである．したがって，バナッハ-タルスキーのパラドックスは，むしろ「定理」とよぶべきものである．そこが，ゼノンのパラドックスとは大いに違う．

[*1] "Sur la décomposition des ensembles de points en parties respectivement congruentes", *Fundamenta Mathematicae* **6** (1924), 244-277.

念のため,ゼノンのパラドックスの1つである「アキレスと亀」のパラドックスを思い出そう.アリストテレスによる表現では,それは次のように主張する.

「もっとも速いものがもっとも遅いものに追いつけない.」

なぜなら,速いものが遅いものに追いつく前に,まず遅いものが走りはじ

図2 バナッハ

めた点に到達しなければならず,したがって遅いものはつねに速いものよりいくらかずつ先にいることになるからである(通常は,速いものをアキレスに,遅いものを亀になぞらえる).これは,定理というよりは,無限の概念に潜む曖昧さを指摘した逆説である.このことについては,第4章でつまびらかにする.

本書の主人公であるバナッハとタルスキーについて,もう少し詳しく紹介しておこう.

バナッハ(Stefan Banach)は,1892年にポーランドのクラクフの貧しい家庭に生まれた.家庭教師で生計を立てながら勉学に励み,クラクフのヤギエウォ大学の講義を聴講した後,ルブフの工科大学において2年間の工学課程を履修したことを証明する試験に合格した.1919年に,ルブフ工科大学の数学助手となり,学位論文「抽象集合における作用素とその積分方程式への応用」により1922年に学位をとる.現在バナッハ空間とよばれている抽象空間は,この論文において初めて定義されたものである.1927年にはルブフ大学の正教授に任命され,1932年には,関数解析学におけ

図3 タルスキー

る記念碑的書物である『線形作用素の理論』を刊行し，世界的名声を得た．

バナッハは，いわゆるポーランド学派の中心メンバーであり，多くの数学者と共同研究を行なった．とくに，ルブフ大学の近くにある喫茶店「スコティッシュ・カフェ」における研究者仲間との談論風発の様子は，伝説となって今でも語り継がれている．バナッハは，ざっくばらんな性格であり，多くの人に好かれる人情味豊かな人柄の持ち主であった．しかし，1939年のドイツ軍のポーランド侵攻後は，悲惨な生活を余儀なくされ，戦後間もない1945年8月に53歳で亡くなった（詳しくは[4]参照）．

タルスキー（Alfred Tarski）は，1902年にワルシャワに生まれ，ワルシャワ大学の自然科学部数学教室で学んだ．1924年同大学で数学の学位を取得，1930年頃からは分析哲学の源流であるウイーン学団の人々と親交がはじまり，彼らに大きな影響を与えた．彼の師であるレスニエフスキー，ルカシェヴィッツ，コタルビンスキーが，哲学的色彩の強い論理学者であったことも影響してか，タルスキーの仕事は哲学的であるといわれる．ワルシャワ大学の正教授をしていた1939年，ドイツ軍により大学から追放されたためアメリカに渡る．ハーバード大学，プリンストン高等研究所を経て，1942年カリフォルニア大学のバークレー校に移り，1946年同大学の数学教授になった．

タルスキーは，個性が強く，厳しい性格であったといわれる．数

理論理学における「真理」の概念に関する業績やモデルの理論に対する寄与は高く評価され，「不完全性定理」で有名なゲーデルと並び称せられる数学者かつ哲学者である．このほかに，集合論，位相空間論，測度論でも大きな貢献をした．1983年10月に81歳で亡くなった．

バナッハ–タルスキーの定理への疑問

　バナッハ–タルスキーの定理の奇想天外な内容に対して，読者はいくつか疑問をもちはじめているだろう．

　現代物理学を聞きかじったことのある読者は，こう問うかもしれない．

　　　「前に，素粒子の分割ということをいっていたが，もし，素粒子（あるいはクォーク）を物質の最小単位（すなわち，それ以上分割できない物質）と信じるとき，バナッハ–タルスキーの定理はどう理解すればよいのか．こんな極端なことは考えないにしても，本当に金塊を2倍にできるのか．」

この問いの最後の部分については，気になる読者も多いだろう．もし肯定的であれば，バナッハ–タルスキーの定理を使って一攫千金を夢見る不心得者も現れるかもしれない．

　このような不心得者に警告を発しよう．究極の基本物質が存在せず，物質がいくらでも分割可能としても，バナッハ–タルスキーの定理でいっている分割を行なうためには，想像を越えるエネルギーを必要とするだろう．実際，質量が保存されないのだから，アインシュタインの理論により，質量を作り出すのにエネルギーが必要だからだ．逆に考えれば，核分裂から生み出されるエネルギーが，原

水爆のような悪魔の兵器に使われるということからもわかるように，分割が本当に「実現」されれば，世界は消滅するかもしれないのである（?!）．かりにそれができたとしても，元のものとはまったく異なる物質に変化してしまうだろう．したがって，バナッハ-タルスキーの定理を使って，金塊を2倍にすることは諦めなければならない．

答えはいたく失望的なものであったが，実はさらに失望させることがある．これについては第3章で説明する．

さて，賢明な読者は，さらに数学者にこう問うだろう．

「あなたは定理の証明を知っているらしいから，球体をどのように分割するのか，具体的方法を明らかにしてほしい．」

これは，前の問いにも関係がある．具体的な物質の分割を考えるならば，そのときは，何かしらその手段も一緒に考えなければならないからである．しかし，この問いは，球体が具体的な物質か否かではなく，むしろ分割の数学的な構成手段の「あるなし」を聞いているのだ．たとえば，平面で球体をスライスするとか，中心を頂点とする錐を使って分割するとか，分割に何かしらの具体的手続きがあるのかどうかを知りたいのである．

この問いに対する答えは，ノーである．

何だか，あっさりした答え方になったが，実はきわめて重大な答えなのである．「分割は存在はするが，その構成法はない．」この意味は本書の主題に関連するから，後でゆっくりと論じよう．

さらに，好奇心旺盛な読者は，次のような質問をぶつけてくるかもしれない．

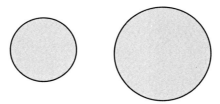

図4 平面でもバナッハ–タルスキーの定理と同じことがいえるだろうか？

「球体のかわりに，平面上の円（周と内部を含む）を考えたらどうか．それを分割して寄せ集めることにより，大きな円を作ることができるか．」(図4)．

答えは意外なものである．それはできないのである．この答えに，完全に面食らった読者もいるだろう．ますます，パラドックスとしての面目躍如というところである．

空間は「3次元」，平面は「2次元」といういい方は，読者も知っていることと思う．3次元と2次元が，どうして異なるのか．簡単にいえば，2次元より3次元のほうが物事が複雑になることが，その違いを生ずる理由である．でも，これだけでは，読者は納得するまい．もっと説得力ある理由については，第3章で説明する．

こうして，バナッハ–タルスキーの定理を掘り下げて考えてくると，やはり定理というよりはパラドックスそのもののように思えてくるだろう．しかし，くどいがもう一度いう．これは定理なのである．

最後に，バナッハ–タルスキーの定理の別のヴァージョンを述べておこう．

― バナッハ-タルスキーの定理 ―

球体を適当に有限個に分割して寄せ集めることにより，元の球体と同じ球体を2つ作ることができる(実は，好きな個数の球体を作ることができる). (図5)

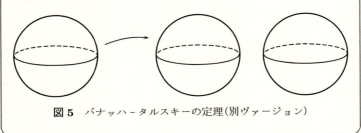

図5 バナッハ-タルスキーの定理(別ヴァージョン)

これこそ，手品のような話である．

パラドックスとは何か

一般にパラドックスとは何かについては，今さら説明を要しないかもしれないが，念のため述べておこう．

辞書を見ると，「真理または結論に矛盾するように見えて，実はそうではない説」あるいは「一般に認められている見解と背反する，または少なくともそう見える見解」という説明がなされている．バナッハ-タルスキーのパラドックスは，まさにこの例である．

パラドックスという言葉は，元々ギリシャ語の，一般に受け入れられた事柄を意味する「ドクサ」と，「逆らう」を意味する「パラ」の複合語 $\pi\alpha\rho\alpha\delta o\xi o\nu$ から派生した英語である．日本語では，逆説や逆理と訳されている．

逆説という言葉は，奇をてらって人を驚かすための，大した根拠

もない説という意味も含んでいる．ゼノンのパラドックスを，このような逆説としてとらえる見方もある．また，宗教思想家は，神については通常の言葉では表現され得ぬと考えて，逆説をもって語ることがある．たとえば，教父テルトゥリアヌス(2,3世紀頃)は「不合理なるが故に信ずる」という．哲学にも逆説が登場する．有名な例では，ヴィトゲンシュタインのパラドックスがある．

> 「規則は行為の仕方を決定できない．なぜなら，いかなる行為の仕方もその規則と一致させられ得るから．」

通常の考え方では，規則は行為の仕方を決めるものである（たとえば足し算の規則は，具体的な足し算の結果を一意に決める）．しかし，ヴィトゲンシュタインは，規則とは何かという根源的な問題を投げかけるのである．

このような派生的意味は別として，パラドックスの本来の説明では，「矛盾」とか「背反」という単語が重要である．

「矛盾」という言葉については，それが次の中国の有名な故事にもとづくことは皆さんもよくご承知であろう．

> 「楚の国の人で，盾と矛を売る者がいた．彼が客に説明するとき，1つの矛を持ち出して『この矛では，どんな盾も突き破る』といい，また1つの盾を見せて『この盾は，どんな矛でも跳ね返す』といったという．ある客が，この説明のおかしさに気づいて，『では，その矛でこの盾を突いたらどうなるか』と問いかけたという．」(韓非子)

この故事から，2つの説明に食い違いがあり，つじつまや道理が

合わないことを「矛盾*²」というのである.

「弁証法」という言葉がある.この語義は,「自分の内にある矛盾をのりこえ,新しい統一に行きつく方法」,あるいは「議論の対象となる事柄の多様な場合を1つの定義にしたり,いろいろな種類に分割したりして,その事柄の本質であるイデアに到達する方法」(プラトン)ということである.しかし元来は,他の人の見解を打ち負かすため,その人の見解が正しいとして話を進め,最後に誤謬(ごびゅう)があることを認めさせる,対話あるいは問答の技術を意味していた.矛盾についての故事も,弁証法の簡単な例と考えられる.弁証法の祖はゼノンとされ,ソクラテスがその達人だったという.ゼノンのパラドックスも,彼の師であるパルメニデスの説(唯一・不動の説)を弁護するため,考案されたという.

古代ギリシャの昔から,数学あるいは哲学上のパラドックスは,多くの数学者や哲学者を悩ませてきた.たしかに「矛盾」は憂鬱なものだ.しかし,一方では,パラドックスは無意識あるいは無批判に使っていた概念に反省を促し,新たなる概念の地平を開くという,積極的な意義も見いだせるのである.ヘーゲルはいう.「世界を動かすものは矛盾である.矛盾を考えられないということは,笑うべきことである.」

次節では,「矛盾」という用語が数学においてどのように使われるかを説明しよう.

---

*² 英語では contradiction という.

第2章 数学的矛盾
――数理論理学入門

　数学では,「矛盾」という言葉はとりわけ重要である．まさに逆説的ないい方だが,「矛盾」という言葉なくして, 数学は存在しないといってもよい．読者にそれを理解してもらうために, 数学的な意味での「矛盾」について説明しておこう．そのためには, 論理学の初歩を学ぶ必要がある．

　したがって, 本章はほかの章と比べて「重い」こともあり, ざっと眺めるか, 何なら「重さ」を感じたところを読み飛ばしてもよい．

矛盾をどう数学的に表現するか

　テレビや映画などで, エキストラ・テレストリアル, すなわち宇宙人の存在がテーマになることが多い(たとえば「E.T.」や「未知との遭遇」を見た読者もいるだろう)．リアリティあふれるこのようなドラマを見て, 観客は大いに刺激を受け, 中には, 現実に宇宙人は存在すると考える人もいる．もちろん, 宇宙人など空想の産物と割り切って見る人もいる．いずれにしても, 意見は二通りに分かれる．

　「宇宙人は存在する」
　「宇宙人は存在しない」
　現在のところ, どちらが正しいのかわかってはいないが, でも

どちらかは正しいはずである．そして，「宇宙人が存在する」ことが正しければ，「宇宙人は存在しない」という見解は間違っており，その逆もいえる．

さて，ある人が，「宇宙人は存在するし，存在しない」などといったらどうだろうか．禅問答でもあるまいし，いくら中庸を重んじる日本人でも，こんな見解は認めないだろう．実は，このような見解こそ，(数学的)矛盾というのである．

ここから，少し，数学的な言い回しが多くなる．数学では，日常的な表現につきまとう「曖昧さ」を取り除くため，文章を単純化して議論を進めるのが普通である．楚の国の男がいったことも，このような単純化により，数学的な表現に直すことができる．

次のような文章を考えよう．

「すべての盾を突き通す矛が存在する」

「すべての矛を跳ね返す盾が存在する」

「宇宙人は存在する」や「宇宙人は存在しない」という文章と同様に，これらの文章は正しい(真である)か，または間違っている(偽である)かのどちらかである．このように，真偽がはっきりしている文章を，数学では「命題」という(数学の本では，一般に「命題」といえば，つねに真なものを考えるが，論理学では偽なものも「命題」という)．

数学では，命題の真偽を判定するのに，「論理」とよばれる思考の法則を使う．これは，他人を説得したり，やり込めたりするのに使う日常的な理屈から，いわゆる屁理屈や詭弁を取り除き，誰もが納得できる部分を抽出したものである．その法則を整理すると，比較的単純な形式を持つことがわかる．

命題を P, Q, R, S などの文字で表わそう．たとえば

$P=$「すべての盾を突き通す矛が存在する」

$Q=$「すべての矛を跳ね返す盾が存在する」

とする.さて,楚の男がいったことは,「すべての盾を突き通す矛が存在し,かつ,すべての矛を跳ね返す盾が存在する」,あるいは単純に「PかつQである」といいかえられる.これも命題であるが,論理学ではこのような命題を$P \wedge Q$と表わす.この命題が真であるのは,PもQも真であるとき,またそのときのみである.

「PまたはQである」という命題は,$P \vee Q$により表わされる.この命題の場合は,Pが真であるか,またはQが真であるとき,そのときにのみ真になる.

一般に,1つの命題Rが与えられると,その内容を否定した文章を考えることにより,新たな命題が得られる.これを否定命題といい,$\neg R$により表わす.$\neg R$が真であるのは,Rが偽のとき,またそのときのみである.

$R=$「宇宙人は存在する」

の場合は,

$\neg R=$「宇宙人は存在しない」

となる.すると,「宇宙人は存在するし,存在しない」という命題は,$R \wedge (\neg R)$と表わされる.

前にもいったように,一般に$R \wedge (\neg R)$の形に表わされる命題を,(数学的)矛盾という.このような命題は,Rが真であろうと偽であろうと,いつも偽である.すなわち,まったくの不合理なのである.

さて,楚の男のいった命題は,この意味の矛盾であろうか.命題$P \wedge Q$はそのままでは矛盾の形をしていない.実際,次に見るよう

に，命題 P の否定 $\neg P$ は，命題 Q とは異なる（同様に命題 Q の否定 $\neg Q$ は，命題 P とは異なる）．先の故事では，「その矛でこの盾を突いたらどうなるか」という問いに対して答えられないことで，$P \wedge Q$ が偽であることを言外に主張している．たしかに，日常的な感覚ではこれで十分なのであり，一種のウィットともとれる．しかし，論理学の観点からは，やはり $R \wedge (\neg R)$ の形の命題を導きたい．

命題 P の否定は，どうなるだろうか．それは，

$\neg P =$「すべての盾を突き通すような矛は存在しない」

である．これは，文章こそ違うが

$S =$「どのような矛に対しても，それを跳ね返す盾が存在する」

と同じ内容の命題である．これは，命題の内容の意味を考察することにより，はじめて理解されることである．このように，命題の内容に立ち入って考察する論理学を，「述語論理」という．一方，命題の内容には立ち入らない論理学を「命題論理」という．

文章は違っても，意味が同じ命題 R, T は同じ命題と考え，$R=T$ と表わす．特に，$\neg P = S$ である．

さて，2つの命題

$Q =$「すべての矛を跳ね返す盾が存在する」

$S =$「どのような矛に対しても，それを跳ね返す盾が存在する」

はどこが違うか考えてみよう．読者は，これらが一見同じ内容をもつように思うかもしれない．しかし，よく見ると違いがある．命題 Q では，ある1つの盾がすべての矛を跳ね返すことを意味する．一方，命題 S では，矛に応じて盾を取り替える必要はあるかも知れないが，それぞれの矛を跳ね返す盾があるといっているのであ

る．したがって，命題 Q に述べられている盾があるならば，いちいち盾を取り替えなくてもよいことになる．ということは，命題 Q が真ならば，命題 S も真であることを意味する．すなわち，「Q ならば S である」という文章を得る．この文章自身も命題である．一般に，「R ならば T である」という命題を $R \to T$ により表わす．

さて，数学では，真とわかっている（あるいは真と仮定されている）いくつかの命題から，ある命題が真であることを導くのに，推論ということを行なう．その代表的例が，仮言的三段論法である．これは，真な命題 R があり，$R \to T$ が真であることが確かめられたとき，T が真であることを結論する推論である．数学理論における証明とは，このような推論を積み重ねていく行為にほかならない．

楚の男のいったことが矛盾であることの「証明」は，次のように行なう．

> 「「$P \wedge Q$」が真とすると，P と Q は真である．「$Q \to S$」は真であるから，三段論法により S は真．よって「$P \wedge S$」は真である．$S = \neg P$ であるから「$P \wedge (\neg P)$」が真であることが導かれる．」

こうして，矛盾 $P \wedge (\neg P)$ が得られた．

さて，正しい推論により矛盾が得られたときには，最初に仮定した命題が間違っている（偽である）ことになる．すなわち，今の場合は，P かつ Q が真でないことから P または Q が真ではないのである．こうして，楚の男のいったことは正しくないことになる．

盾と矛の話に「矛盾」があることを示すこの議論に，読者はまどろっこしい印象をうけたかもしれない．たしかにその通りであっ

て，簡単な事柄にはいちいちこのような証明は行なわない．まして
や，日常生活で使う論理は，もっとゆるやかなものである[*1]．し
かし，数学の研究では，込み入った議論も多い．証明は，その議論
の道筋を明らかにする効果があるだけではなく，新しい概念や理論
を生み出す契機にもなる．

背理法

「矛盾」が積極的に使われるのが，数学の証明法の1つである背
理法である．これは，ある命題が真であることを示すのに，その否
定命題が真であると仮定し，それから推論によって矛盾を導くこ
とにより，もとの命題が真であることをいう方法である．このよう
な証明の構造から，背理法は間接法ともいわれる（対偶[*2]により証
明する方法も，間接法の1つである）．古典的な弁証法が，どちら
かといえば否定的側面をもっていることにくらべて，背理法は同じ
「矛盾」を肯定的に使うのである．

たとえば，1994年にワイルズにより証明された有名なフェルマ
ーの予想（定理）は，

$$x^n + y^n = z^n \quad (n\text{ は3以上の自然数})$$

が自然数の解 x, y, z をもたないことを主張しているが，その証明
は，自然数解が存在すると仮定して矛盾を導く背理法を使っている
（こういうと単純な話に思えるが，実際の証明では数学の様々な成

[*1] たとえば，数学では二重否定は肯定であるが（$\neg(\neg R) = R$），日常的表現として
は「君のことが嫌い（好きでない）でない」が「好きである」を意味しないよう
に，二重否定が肯定とは限らない．

[*2] 命題 $(\neg Q) \rightarrow (\neg P)$ を，命題 $P \rightarrow Q$ の対偶という．

果を使い，100 ページにおよぶ大論文になっている).

　背理法が数学で重宝される理由は，フェルマーの定理のように，「存在しない」という言明には，直接的方法が使えないことが多いからである(付録 2 参照). 一方，「存在する」という形の言明であれば，実験をすることにより解を探し出し，存在を証明することができる(いつもそうとは限らないが). しかし，存在しないことをいうには，実験は意味がない(1 億以下の x, y, z が，決して $x^3+y^3=z^3$ をみたさないことを計算で確かめても，$x^3+y^3=z^3$ が自然数解をもたないことの証明にはならない).

　背理法をはじめて論証に取り入れたのは，ピタゴラス学派[*3]といわれている. ピタゴラス学派は，二等辺直角三角形の斜辺と他の 1 辺の比が，有理数では表わされないことを発見したが，これには背理法が使われるのである(囲み「無理数の証明」参照). ピタゴラス学派の業績を取り入れ，『原論』というタイトルをもつ幾何学の大系を書いたユークリッドは背理法の達人であった.

無理数の証明

　二等辺直角三角形の斜辺の長さを a，斜辺と異なる辺の長さを 1 とすれば，三平方の定理(ピタゴラスの定理)により

$$a^2 = 1^2 + 1^2 = 2$$

である. $a=\sqrt{2}$ が無理数であることを証明するため，その否定

$$P = \lceil \sqrt{2} \text{ は有理数である} \rfloor$$

[*3] ピタゴラスが南イタリアのクロトンに開いた学園に属す人々のこと.

という命題を真とする．命題

> $Q=$「有理数は，つねに既約分数で表わされる」

は真である．命題 P から $\sqrt{2}=p/q$ となる自然数 p, q が存在する．この両辺の平方を考えると，

$$2q^2 = p^2 \qquad (*)$$

を得る．奇数の平方はふたたび奇数であるから，この p は偶数でなければならない．$p=2k$ とおいて，これを $(*)$ に代入すると，$q^2=2k^2$ を得るから，同じ理由により q は偶数でなければならない．よって，p と q は偶数であり，互いに素ではない．こうして $\sqrt{2}=p/q$ となる分数 p/q は既約分数ではないことになる．これは，Q の否定

> $\neg Q=$「ある有理数は，既約分数では表わされない」

が成り立つことを意味するから，結局矛盾 $Q \wedge \neg Q$ にいたる．こうして，命題 $P=$「$\sqrt{2}$ は有理数である」は偽であり，その否定 $\neg P=$「$\sqrt{2}$ は無理数である」が真であることがわかる．

前に，「矛盾」という言葉なくして数学は存在しないといった．もっと正確にいうと，「背理法」なくして，数学の発展はあり得なかったということである．

「背理法」の背景には，すべての数学的命題は，それが証明されているか，いないかにかかわらず，真偽が確定しているという確信がある．いいかえれば，命題 $P \vee (\neg P)$ は，どのような命題 P に対しても真である（すなわち，P またはその否定 $\neg P$ は必ず真であ

る)という排中律を論理として認めているのである．しかし，数学の1つの方向として，無制限に背理法を使うことに反対する立場もある．ブラウエル(1881-1966)の直観主義がそうである．次の定理の証明が持つ「奇妙さ」は，確かにこのような立場をある程度は理解させる．

「a^b が有理数となるような，正の無理数 a,b が存在する．」

[証明] 囲みで見たように，$\sqrt{2}$ は無理数である．そこで $\sqrt{2}^{\sqrt{2}}$ を考えたとき，次の2通りの場合が考えられる．

(1) 有理数であるとき
(2) 無理数であるとき

(1)の場合には，$a=b=\sqrt{2}$ とおけばよい．(2)の場合には

$$\left(\sqrt{2}^{\sqrt{2}}\right)^{\sqrt{2}} = \sqrt{2}^{\sqrt{2}\times\sqrt{2}} = \sqrt{2}^2 = 2$$

であるから，

$$a = \sqrt{2}^{\sqrt{2}}, \quad b = \sqrt{2}$$

とおけば，a,b ともに無理数であり，$a^b=2$ となる．(証明終)

この証明の中で，$\sqrt{2}^{\sqrt{2}}$ が，有理数か無理数になるというところで，排中律が使われていることに注意しよう．そして，この排中律のおかげで，無理数 a,b を具体的に構成しなくてもよかったのである．たしかに，この証明には筆者も「ずるさ」を感じる．それがよいことか悪いことかは，数学者の中でも意見が分かれる所である．しかし，現在はほとんどの数学者が，具体的に構成せずとも，それでよいとする立場をとっている(もちろん，具体的に構成できれば

それに越したことはない).

1章で述べたように，我々の主題であるバナッハ–タルスキーの定理においても，「分割は存在するが，その構成法はない」というところに，同様の問題が生じる．そして，この問題には，「選択公理」という「無限の論理」が深く関わっているのである．

── 無矛盾性

「矛盾」の概念が，数学で役に立つことは今見たとおりであるが，他方では深刻な事態を引き起こすこともある．それは，数学理論自体に起こる矛盾である(56ページで述べるラッセルのパラドックスは，素朴な形の集合論に現れる矛盾の1つである).

数学では，最初に前提となる命題(公理)をいくつか設定して(公理系)，1つの理論を作り上げていくことが多い．例えば，古典幾何学(ユークリッド幾何学)は，

「異なる2点を通る直線がただ1つ存在する」

「与えられた直線 ℓ と，その上にはない点 A に対して，A を通り，ℓ と交わらない直線はただ1つである」(平行線の公理)

などの公理から出発する(参考文献[10]参照).

もし，1つの数学理論において，公理系から推論により「矛盾」が導かれるときは，この理論自身意味のないものになる．なぜなら，前提となる命題 P から矛盾が導かれたとすると，任意の命題 Q を考えたとき，$P \wedge (\neg Q)$ からも矛盾が導かれることになる．背理法によって $P \wedge (\neg Q)$ は真ではない．命題 P は前提として真と仮定しているから，$\neg Q$ が偽となり，結局 Q が証明されることになる．こうして，すべての命題が真であろ

うと偽であろうと証明可能になり，理論として無意味なものになってしまう．

このように，公理系の「無矛盾性」は，数学理論においてきわめて重大な事柄なのである．とくに，20世紀の数学の発展の中で，すべての理論の基盤となる集合論，（ペアノの意味の）自然数論，実数論などの「無矛盾性」の検証が問題となった．

第3章 バナッハ−タルスキーの定理が意味するもの

　バナッハ−タルスキーの定理を認めると，われわれが当たり前と思っていたことを反省する必要に迫られる．この章では，何を反省すべきかを明らかにし，さらに証明への第一歩をしるす．

証明にひそむ誤謬

　「最大の自然数は1である」というと，読者は目を白黒させるだろう．もし，これが正しいという人がいたら，「一般に認められている見解と背反する，または少なくともそう見える見解」ということで，まさにパラドックスを述べていることになる．実際，常識では，自然数2は1よりも大きいのだから(!)．

　しかし，ある人は次のような「証明」を与えて，自分の主張が正しいと言い張った．

> 最大の自然数を M とする．$M \geq 1$ であるから，この両辺に M をかけて，$M^2 \geq M$ を得る．M^2 も自然数であり，M は最大なのだから，$M^2 = M$ である．$M \neq 0$ であるから，M で両辺を割れば $M=1$ である．

　さて，2は1より大きい自然数であるから，当然「最大の自然数は1ではない」．上の主張を P とすると，こうして $P \wedge (\neg P)$ の形

の命題が得られ,矛盾である.推論は正しいのだから,どこかに間違った命題(偽な)が隠れていることになる.読者には,それがわかるだろうか.

その間違った命題はもちろん「最大の自然数が存在する」である.いいかえれば,「最大の自然数は存在しない」ことを大げさに背理法で示したことになる.この例は,教訓的である.すなわち,証明の中でなにげなく「最大の自然数を M とする」といっていることに,誤謬があることに注意してほしい.これは,数学的パズルによくあるだましのテクニックである.同じような例を2つ,囲みに述べよう.だまされないように注意深く読んでほしい.

間違った命題1

ある人が「すべての三角形は二等辺三角形である」ことを次のように「証明」した.どこに間違いがあるだろうか.

$\triangle ABC$ において,$\angle A$ の二等分線と辺 BC の垂直二等分線の交点を G とする.G から辺 AB, AC に下ろした垂線の足をそれぞれ F, E とする(図6).

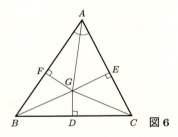

図6

直角三角形 $\triangle AFG, \triangle AEG$ において

$$\angle FAG = \angle EAG, \quad AG \text{は共通}$$

であるから, △AFG と △AEG は合同. よって
$$AF = AE, \quad FG = EG. \quad (*)$$
次に, 直角三角形 △BFG, △CEG において, 垂直二等分線の性質から, BG=CG. これと (*) の第2式から △BFG と △CEG は合同である. よって FB=EC となり
$$AB = AF+FB = AE+EC = AC$$
を得る.

(答　もっともらしい図にだまされてはいけない. ∠A の二等分線と辺 BC の垂直二等分線の交点は, 三角形の外にある.)

間違った命題 2

ある人が「2つの異なる直線は, つねに交わらない」ことを, 次のように「証明」した. どこに間違いがあるだろうか.

異なる2直線 ℓ_1, ℓ_2 を考える. ℓ_1 上の点 A と ℓ_2 上の点 B で, $A \neq B$ となるものが存在する. A, B を通る第3の直線を ℓ とする. 線分 AB の中点を M として, ℓ に関して同じ側の ℓ_1, ℓ_2 上に $AA_1 = BB_1 = AM$ となるように, 点 A_1, B_1 をそれぞれとる (図7).

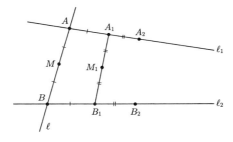

図 7

線分 AA_1, BB_1 は交わらない(とくに $A_1 \neq B_1$). 実際, もし交わるとして, その交点を P とすると, $\triangle ABP$ に三角不等式(三角形の2辺の和は他の1辺よりも大きいこと)を適用して

$$AB = AA_1 + BB_1 \geq AP + BP > AB$$

となって矛盾. 次に線分 A_1B_1 の中点を M_1 とし, AA_1, BB_1 の延長上に $A_1A_2 = B_1B_2 = A_1M_1$ となるように点 A_2, B_2 をそれぞれとる. 上と同じ理由で, 線分 A_1A_2, B_1B_2 は交わらない. このプロセスはいくらでも続けられるから, ℓ_1 と ℓ_2 は ℓ に関して同じ側では交わらない. よって両側で交わらないから, ℓ_1 と ℓ_2 は交わらない.

(答 $\{A_n\}$ を上のプロセスで得られる ℓ_1 上の点列とするとき, A_n が無限遠にいくとは限らない.)

奇妙さの源

ここで, 再びバナッハ–タルスキーの定理に戻ろう. 読者も既にお気づきのように, バナッハ–タルスキーの定理は, 現実の物質を扱っているのではない. 空間図形の分割についての定理なのである. たとえそうであっても, 奇妙な定理であることは間違いない. しかし, 読者の多くは, この定理の奇妙さがどこにあるのかをはっきりいえなくて, まだもどかしい思いをしているのではないだろうか. そのような読者に助け舟を出そう. このため, 次のような問題を考える.

「ある人が，バナッハ - タルスキーの定理は偽であることを次のように証明したという．どこに間違いがあるか見つけよ．」

　球体 K を，$K_1, \cdots, K_n$ に分割して，それを寄せ集めて別の球体 L を作ったとしよう．K の体積は，$K_1, \cdots, K_n$ の体積の和であるから，それらを寄せ集めて作った L の体積も $K_1, \cdots, K_n$ の体積の和に等しい．よって，K の体積と L の体積は等しい．一方，球体の体積は，半径を r とすると，$4\pi r^3/3$ であり，体積が決まれば半径が決まる．よって体積の等しい2つの球体の大きさは等しいから，バナッハ - タルスキーの定理は偽である．

多くの読者の感じていた奇妙さの源は，おそらく，このような議論に集約されると思う．たしかに，今の「証明」により，バナッハ - タルスキーの定理は偽にも見えてくる．

前節の「最大の自然数は1である」の証明では，最大の自然数が存在するという誤った仮定をしていたことを思い出そう．もし，バナッハ - タルスキーの定理が真ならば，この証明でも，何か気づかないところで間違いを犯しているはずである．

時間がかかっても，何が間違いかを考えてほしい．この問題は，前節の例たちにくらべて，はるかに高級である．

体積とは何か

答えを与えよう．前節で，「体積」という概念をなにげなく使った．それが問題なのである．

「体積」とは何か，読者はすぐに答えられるだろうか．この問いは，見かけほど簡単ではない．現在使われている「面積」や「体

積」の概念が確定したのは，そう古いことではないのだ．19世紀にフランスの解析学者ジョルダンが，はじめて「面積・体積」について厳密な理論を作り上げたのである．

こういうと，「古代ギリシャにおいて幾何学が誕生したときには，すでに「体積」は扱われていたのではないか」という疑問が浮かぶに違いない．たしかにその通りである．

しかし，ギリシャ幾何学の集大成である『原論』を見て気づくのは，「体積」が「空間図形の空間を占める大きさを表わす「量」」というだけで，この「量」は数を表わしているわけではない．ただ，相等と大小については論じることができるというだけである．しかも，ユークリッドが扱っている図形は，多面体や球体など，限られたものであった．さらに，何の保証もなく，体積は確定したものとして存在するとしていたのである（参考文献[2], [7]参照）．

ジョルダンは，多面体や球体の集まりを含む，もっと一般の空間図形に対して，数量として「体積」を厳密に定義した．それは，現在ジョルダン測度とよんでいるものである．しかし，それはすべての図形に対して定義されたものではなかった（ジョルダン測度はルベーグによりさらに拡張されたが，それでもすべての図形に対して定義されたものではない）．

ここで，次の問いを発しよう．

「すべての有界な空間図形に対して，その体積は確定するか.」

ここで「有界な図形」の意味は，この図形が空間の有限の範囲にあること，いいかえれば，この図形を含む球体が存在することをいう．しかし，このままでは，質問の内容が不正確である．体積のみたすべき性質をはっきりと述べなければならない．そうでなけれ

ば，有界な空間図形に勝手に数を対応させて，体積とよぶ不逞の輩が出てくるかもしれないからである．

体積とは次の性質をみたす「関数」m とする．

(1) すべての有界な空間図形 K に対して，正または 0 の数 $m(K)$ が対応する．

(2) 2 つの有界な図形 K と L が合同であるとき (すなわち，平行移動と回転で K と L が移りあうとき)，$m(K)=m(L)$ である．

(3) 有界な図形 K が有限個の図形 $K_1,\cdots,K_n$ に分割されているとき，

$$m(K) = m(K_1)+\cdots+m(K_n)$$

(4) K が多面体または球体であるときには，$m(K)$ は K の通常の体積に等しい．

そして，先の問いは，この性質をもつ「関数」m の存在を問題にしているのである．

もし，この問いに対する答えがイエスならば，バナッハ-タルスキーの定理は偽であることを，前に証明したのである．もう一度繰り返そう．

K と L を大きさの異なる球体とする．K を有限個に分割して寄せ集めれば L になるということは，K と L をそれぞれ $K_1,\cdots,K_n$ と $L_1,\cdots,L_n$ に分割し，しかも対応する番号の K_i と L_i が合同になるようにできるということである．よって，(3) により

$$m(K) = m(K_1)+\cdots+m(K_n), \quad m(L) = m(L_1)+\cdots+m(L_n)$$

一方，(2) により，すべての i について $m(K_i)=m(L_i)$ が成り立つ

から，$m(K)=m(L)$．ところで(4)により，$m(K), m(L)$ は球体の通常の体積に等しいから，K と L の半径が等しくなり，K と L は同じ大きさとなる．

こうして，我々は二者択一を余儀なくされる．すなわち，バナッハ–タルスキーの定理を偽とするか，問いに対する答えをノーとするかである．問いに対する答えがノーであるということは，すべての有界な空間図形に対する体積は定義できないということでもある．

ところが，バナッハ–タルスキーの定理は「証明」された命題であるから，定理は真であり，結局，次の定理が得られたことになる．

定理

すべての有界な空間図形に定義された体積は存在しない．

この定理じたい，奇妙に感じる読者もいるだろう．直観は，「空間図形が，空間を占める大きさを表わす「量」」として，体積はつねに存在するように思えるからである．

しかし一方，図形がきわめて「複雑」であるときは，本当に体積が確定するのかという疑問も生じるから，この定理を自然だと思うこともできる．

いずれにしても，バナッハ–タルスキーの定理に現れる分割図形は，「箸にも棒にもかからない」複雑な図形なのである[*1]．さらにいえば，この図形は，無限の彼方を見通す力をもつもの(すなわち超越者)しか想像することはできないのだ．

ここで1つ疑問が浮かぶ．第1章で，平面に対するバナッハ–

[*1] 読者はフラクタル図形というものを聞いたことがあると思うが，この分割図形はそんな「なまやさしい」ものではない．

タルスキーの定理の類似は成り立たないと述べた．そのことと「面積」の概念とは何か関係があるのだろうか．「面積」の定義をあらためて述べる必要はないだろう．上の「体積」の定義をほとんどそのまま借用すればよい．

上の疑問に対する答えは，次の定理である．

定理(バナッハ – フォン・ノイマン)

すべての有界な平面図形に対して，「面積」が定義される．

この定理により，平面ではバナッハ – タルスキーの定理の類似が成り立たないことは，これまでの体積の場合の議論から明らかであろう．

パラドックスは，無意識あるいは無批判に使っている概念に反省を促す効果があるといった．バナッハ – タルスキーの定理は，「体積」概念に反省を迫ったという意味では，やはりパラドックスといえるのかもしれない．

証明へのプレリュード

バナッハ – タルスキーの定理の説明の中には，「無限」の概念は表立って登場することはなかった．しかし，この定理の背景には，「無限の彼方」を見すえる論理がある．

まず，手はじめとして，バナッハ – タルスキーの定理の証明の中で使われ，それ自身としても面白い定理を，無限集合の特性を用いて証明しよう．

定理

K を球体とし，K' により K から中心点を除いたものを表わす．このとき，K を 2 つの部分に分割して，形を変えずに

それらを適当に寄せ集めることにより，K'を作ることができる．

この定理自身，一見パラドックスに見えるかもしれない．なぜなら，Kをどのように断片に分けてつなぎ直しても，球体Kの「一部」であるK'が作れるようにはとても見えないからだ．しかし，バナッハ－タルスキーの定理とくらべると，この定理は初等的である．実際，その証明を見ると「なーんだ」ということになるだろう．

まず，定理の内容を数学的にいい表わそう．そうでないと，誤解を招くおそれがある．以下，集合の言葉を使う．

集合とは何かについては，読者はすでに学んでいると思うが，少し復習しておこう．1から5までの自然数の集まり$\{1,2,3,4,5\}$のように，それに含まれる「もの」がはっきりしているような，「もの」の集まりを「集合」というのである．また，集合に含まれている1つ1つの「もの」を，その集合の「要素」という．空間は点を要素とする集合である．$\{1,2,3,4,5\}$のように，要素の個数が有限である集合を「有限集合」といい，自然数の集合や空間のように，無限に多くの要素からなる集合を「無限集合」という．

ついでに，あとで度々使う記号を導入しておく．$\{x|x$は3で割り切れる自然数$\}$のように，$\{x|P(x)\}$で性質$P(x)$を持つ要素x全体からなる集合を表わすことにする．

さて，Kを2つの部分に分割するというのは，

$$K = A \cup B, \quad A \cap B = \varnothing$$

となるKの部分集合(図形)A, Bを考えることとする．記号$\cup$，$\cap$

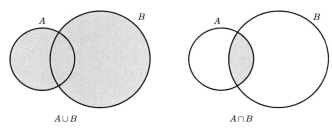

図 8 和集合と共通部分

はそれぞれ和集合，共通部分を表わす(図 8)．記号 $\emptyset$ は空集合(要素を持たない集合)を表わし，$A \cap B = \emptyset$ は A と B が共通部分をもたないという意味である．

次に，A, B を「形を変えずに寄せ集めて」K' を作るというのは，A と合同な部分集合 A'，B と合同な部分集合 B' をうまく見つけて

$$K' = A' \cup B', \quad A' \cap B' = \emptyset$$

となるようにできることをいう．

念のため，合同の定義について説明しよう．そのため，まず平行移動と回転の定義を行なう．

平行移動とは，一定の方向へ一定の距離だけ点を動かす操作のことをいう(図 9)．

回転は，軸となる直線 ℓ と回転角 θ を与えることで定まる(図 10)．すなわち，ℓ に垂直な平面 α を考えて，平面 α 上の点 P に対して，α 上で θ だけ回転させた点を P' とするのである．回転の方向は 2 通りあるが，どちらかに決めて考えることにする．後のために

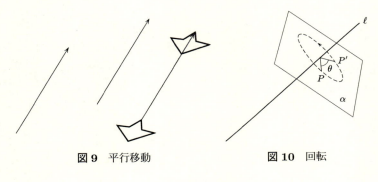

図 9 平行移動　　　　**図 10** 回転

$$P' = \rho_{\ell,\theta}(P)$$

とおこう.

　一般に, 平行移動と回転を何回か行なうことにより, 部分集合 (図形) A が A' に移されるとき, A と A' は合同であるという(面対称(鏡映)も含めて合同を定義する流儀もある).

　図形の合同は, 図形の「形が同じ」であることの数学的ないいかえである. そう思えば, 次の事柄は明らかだろう.

(1)　A とそれ自身は合同

(2)　A と B が合同ならば, B と A は合同

(3)　A と B が合同, B と C が合同ならば, A と C も合同

(当たり前のことをわざわざ述べる理由は, 後でこれと似た性質をみたす「関係」が数多く登場するからである.)

　これで必要な言葉をすべて紹介したから, 定理の証明に入ろう. 球体 K を地球だと思って, 中心と北極を結ぶ線分の中点を P とする. P を通り, この線分に垂直な直線 ℓ をとる(図 11).

　$\theta/360$ が無理数であるように角度 θ を選ぼう. たとえば, $\theta = 30 \times \sqrt{2}$(度)とすればよい. このとき, 直線 ℓ を軸とする角度 θ の回

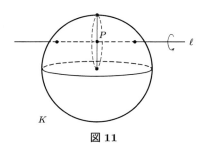

図11

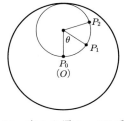

図12 中心を通り，ℓ に垂直な平面による断面図

転 $\rho_{\ell,\theta}$ を考える．n を自然数または 0 として，回転 $\rho_{\ell,\theta}$ を n 回繰り返したものは，同じ軸のまわりの角度 $n\theta$ の回転 $\rho_{\ell,n\theta}$ となることは明らかだろう．この回転で K の中心 O を移した点を P_n により表わす．ただし，$n=0$ のときは，$P_0=O$ とする(図12)．

無限点列 $P_0, P_1, P_2, \cdots, P_n \cdots$ において，P_n たちはすべて異なることを背理法で示そう．$P_m = P_n$ となる m, n が存在すると仮定する．このとき

$$m\theta = n\theta + 360 \times k$$

をみたす整数 k が存在するから

$$\theta/360 = k/(m-n)$$

となり，$\theta/360$ が無理数であることに反する．よって $P_m \neq P_n$ ($m \neq n$) を得る．

$$A = \{P_0, P_1, P_2, \cdots, P_n, \cdots\}, \qquad A' = \{P_1, P_2, \cdots, P_n, \cdots\}$$

とおくと，A, A' はともに K の部分集合である(集合 A は，円周上「密な」形で分布している)．さらに，

$$\rho_{\ell,\theta}(P_n) = P_{n+1} \quad (n = 0, 1, 2, \cdots)$$

であるから，A は回転 $\rho_{\ell,\theta}$ により A' に移る．すなわち A と A' は合同である．K から A を取り除いた部分を B とおくと

$$K = A \cup B, \quad A \cap B = \varnothing$$

一方，B に $A' = \{P_1, P_2, \cdots, P_n, \cdots\}$ を合わせたものは，K から P_0 を取り除いたもの，すなわち K' に一致するから

$$K' = A' \cup B$$

である．さらに A' は A の部分集合であり，$A \cap B = \varnothing$ であるから $A' \cap B = \varnothing$ となる．A と A' は合同，B はそれ自身と合同であるから，定理は証明された．

読者は，集合 A, A' の形を見て，「こんな図形でもよかったのか」という印象をもったかもしれない．普通は，多面体や球体のような「中身の詰まった」図形を想像するが，そういうものとくらべると，たしかに変な図形である．でも，バナッハ–タルスキーの定理に現れる集合は，こんななまやさしい集合ではない．

上の証明で，無限集合 A の特性を利用したことを注意しておこう．不思議なことに，A はその部分集合 A' と合同なのである．少し形は違うが，これは次のパラドックスに関連する．

[例] ホテルや飛行機の予約では，オーバー・ブッキング(過剰予約)が問題になることがある．たとえば，100 のシングル・ルームをもつホテルを考えよう．このホテルが，キャンセルをおそれて 100 人より多い予約を取ってしまったとする．予約客のうち，す

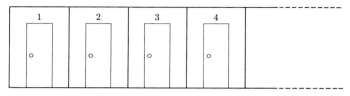

図 13 無限個の部屋をもつホテルの各室には番号 $1, 2, 3, \cdots$ がついている

でに 100 名がチェックインを済ませているとしよう．この状態で，他の予約客がホテルに来ると，オーバー・ブッキングの状態が起こる．ホテルとしては平謝りに謝って，この客に他のホテルを紹介することになる．

しかし，あるホテルが，「わがホテルでは，このようなことは絶対に起きない」と豪語した．どのような理由によるのだろうか．

答えは，このホテルが，無限個の部屋をもっているからである（そんなホテルは存在しないといわれそうであるが，目くじらを立てず気楽に考えてもらいたい）．

このホテルの部屋には，番号 $1, 2, 3, \cdots$ がつけられているとしよう（図 13）．そして，満室の状態のところに 1 人の予約客が到着したとする．このとき，ホテルの支配人は，n 号室の客は $n+1$ 号室に移るように館内放送でお願いする（客には失礼な話である）．こうして 1 号室が空いたので，この客を 1 号室に入れたのである[*2]．

[*2] ガリレオ・ガリレイは「平方数（自然数の 2 乗）の全体は，明らかに自然数全体より「少なく」見えるのに，一方，自然数 n に n^2 を対応させれば同じ数だけあるように思える．これはなぜか？」というパラドックスを提出した．デデキントは，このことを逆手に取って，集合 A が無限集合であることを，「A に含まれ，しかも A には一致しない部分集合 B で，A と B の間に一対一の対応があるようなものが存在する」こととして定義した．

[問] ホテルのパラドックスは，無限の部屋をもつ場合にしか成り立たないはずだが，シングル・ルームが12部屋しかないホテルが，次に述べる方法で13人の客を泊めることができたという．どこに間違いがあるか．

支配人は，まず最後に到着した客を一時的に1号室に入ってもらい，次に他の客を，1号室から順に割り当てていった．こうすると，1号室には2人入り，3番目の客は2号室，4番目の客は3号室，以下同様に12番目の客は11号室に入る．12号室は空いているから，ここに1号室にいる最後の客を移して，すべての客に部屋が過不足なく割り当てられたことになる．

（答 「2番目」の客はどうなった！　なにげない言葉にだまされてはいけない．実際，前に述べたように，なにげなく使われる言葉が，多くのパラドックスの要因になっている．）

回転の性質

平面と空間の違いはいろいろな形で現れるが，バナッハ‐タルスキーの定理に関連する相違は，回転の性質に見いだされる．

まず，平面における，原点を中心とする回転を考えよう．点Pを角度θ_1だけ回転し，その後，それを角度θ_2だけ回転する．結果は，Pを角度$\theta_1+\theta_2$だけ回転して得られる点に一致する（図14）．したがって，順序を変えて，点Pを角度θ_2だけ回転し，そのあと，それを角度θ_1だけ回転して得られる点と一致する．

「順序を変えても結果が同じ」という，平面の回転がもつこのような性質は，回転の「可換性」とよばれる．

では，空間における回転は同様な性質をもつだろうか．ただし，ここでは原点を通る軸のまわりの回転だけを考える．

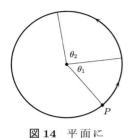

図 14 平面における回転

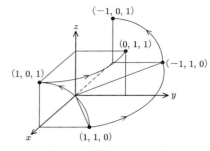

図 15 空間における回転

ためしに，xyz-直交座標系をとって，点 $(1,1,0)$ を x 軸のまわりに 90 度回転してから，次に z 軸のまわりに 90 度回転したものと，その順序を逆にしたものをくらべてみよう（図 15）．

［1］ $(1,1,0)$ を x 軸のまわりに 90 度回転すると $(1,0,1)$ に移る．$(1,0,1)$ を z 軸のまわりに 90 度回転すると $(0,1,1)$ に移る．

［2］ $(1,1,0)$ を z 軸のまわりに 90 度回転すると $(-1,1,0)$ に移る．$(-1,1,0)$ を x 軸のまわりに 90 度回転すると $(-1,0,1)$ に移る．

結果は $(0,1,1)$ と $(-1,0,1)$ となって異なる．すなわち，空間の回転は一般には，「順序を変えると結果が異なる」という意味で，「非可換」なのである．じつは，空間における回転については，もっと「強い非可換性」が成り立つ（このことについては，第 5 章および付録 1 の証明の中で述べることにする）．そして，この「強い非可換性」こそが，バナッハ–タルスキーの定理の核心なのである．

第4章 無限の彼方に向かって

　前章まで，バナッハ–タルスキーの定理を中心にして，話を進めてきたが，この定理の本質を理解するには，「無限」についての正しい認識が必要である．本章では，数学者が「無限」をどのように論理に取り込んできたかを，歴史にそくして解説しよう．

アンティポンの積尽法——無限のプロセス

　まず，古代ギリシャの数学に現れた「無限のパラドックス」を1つお見せしよう．読者は，古代ギリシャの三大作図問題というのをご存知だろう．定規とコンパスのみを用いて次の作図をせよ，という問題である．
  (1)　任意の角を3等分すること
  (2)　与えられた立方体の2倍の体積をもつ立方体を作ること
  (3)　与えられた円と同じ面積の正方形を作ること(円積問題)

　これらの問題が否定的に解けたのは，実数についての理解が完全になった19世紀になってからである．このうち，第3の問題を肯定的に解いたと主張するギリシャの数学者がいた．アンティポン (B.C.430頃)である．当然，彼の論法は正しくはないが，「無限」を取り尽くすという意味での「積尽法」(現代の極限論理)への出発点となった．アンティポンは次のように「証明」する．

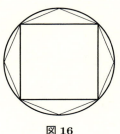

図 16

「円に内接する正方形を作り,その辺を底辺とし,頂点を円周上にもつような二等辺三角形を作る.さらにその辺上に二等辺三角形を作って,以下これを繰り返す(図 16).

こうして,正多角形の列ができるが,その辺の数が多くなるにつれて,円周に近づいていく.そして「最後には」円周と正多角形の周とは「一致する」.一方,多角形と面積が等しい正方形が作図できるから,結局,円と同じ面積をもつ正方形が作図できる.」

この論法のおかしさは,「最後には一致する」からという部分にある.正多角形の辺の数をどんなに多くしても,辺は線分であり,円弧とは異なるから,それが円周と一致することはあり得ない.たしかに,正多角形は円周に「限りなく近づく」ように見えるが,だからといって,円周が正多角形の性質を共有しているとは限らないだろう.(一般に,曲線が他のある曲線に近づいても,長さが近づくとは限らない.)

「最後には一致する」からという理由づけがおかしいのは,次の例からもわかる.

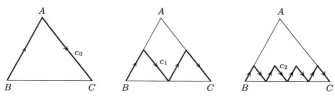

図 17 2 辺の長さの和は 1 辺の長さに近づいていく？

　[例] ある人が「三角形の 2 辺の和は他の 1 辺に等しい」ことを，次のように「証明」した．どこに間違いがあるだろうか．

　図 17 のような $\triangle ABC$ と折れ線の列 $\{c_n\}$ を考える．c_n の長さは，つねに $AB+AC$ に等しい．一方，c_n は線分 BC に近づいていくから，c_n の長さは BC に近づいていく．そして，最後には BC と一致するから，$AB+AC=BC$．

　アンティポンの論法に不備があることは，ギリシャの数学者も気づいていた．その後，ゼノン (B.C.490 頃-430 頃) により別の側面から「無限」についてのパラドックスが提起され，ギリシャの数学者は「無限」が現れる問題にはきわめて臆病になったといわれる．

　次節で，ゼノンのパラドックスのうち，2 つのパラドックスを取り上げよう．1 つはすでに紹介した「アキレスと亀」のパラドックスであり，もう 1 つは「飛ぶ矢」のパラドックスである．

　その前に断っておくことがある．ゼノンのパラドックスは，「現実」の空間において「現実」の時間とともに起こる「現実」の運動と行為についての逆理である．それを，ここでは「数学的」空間と「数学的」時間，および「数学的」に表現される運動や行為に「翻訳」して考えることにする．

　哲学では，この「翻訳」そのものに疑いをもつことがある．ゼノ

ンのパラドックスが2500年の長い間，多くの哲学者により繰り返し取り上げられてきた理由はここにある．実際，現実の「無限」(あるとしてだが)と理念(数学)上の「無限」を結び付けないで語ろうとすれば，問題の本質が言葉の曖昧さによって隠されてしまい，いつまで経っても解決には至らない．一方，物理学がこの間に長足の進歩を遂げたのは，感覚の呪縛から逃れ，「運動」を数学的に表現することに踏み切ったことによる．そして，この表現が現実に起こる諸現象を説明し，正確に予言するのである(それが哲学者を満足させるかどうかは，別の問題である)．

飛ぶ矢のパラドックス

「飛んでいる矢は静止している．」なぜなら，矢は瞬間には静止している．すなわち，瞬間には空間のどこかに位置を占めている．しかし，矢が射られてから止まるまでの時間はその瞬間の合成である．したがって，矢は静止せざるを得ない．

このパラドックスが提起している問題は2つある．1つは，瞬間という，大きさのないものを集めても大きさをもつもの(射られてから止まるまでの時間)にはならないのではないかという疑問であり，もう1つは運動とは何かという問題である．

第1の疑問は，時間というものを数学的に表現することにより解決される．時間は数(実数)で表わされ，矢の射られた時刻をT_0，止まった時刻をT_1とすれば，その間の時刻は$T_0 \leq t \leq T_1$をみたす数tにより表わされる．そして，時刻tにおける瞬間は$t-t=0$であるから時間としての「大きさ」をもたず，一方，時刻T_0からT_1までの時間は$T_1-T_0>0$であり，「大きさ」をもつ．

時間T_1-T_0が瞬間の「合成」であるとはどのような意味だろう

か. 瞬間ではなく,「大きさ」をもった時間の合成については, 次のように考えられる. もし, T_0 から T_1 までの間に, $T_0<t_1<t_2<\cdots<t_n<T_1$ をみたす n 個の時刻 $t_1, t_2, \cdots, t_n$ をとるとき, 時間 T_1-T_0 は, $n+1$ 個の時間

$$t_1-T_0,\ t_2-t_1,\ t_3-t_2, \cdots, T_1-t_n$$

に分割され,

$$T_1-T_0 = (t_1-T_0)+(t_2-t_1)+\cdots+(T_1-t_n) \qquad (*)$$

と表わされる. こう考えると, ゼノンのいう「合成」とは, 分割した時間の「和」という意味にとるのが自然である. ところが,「瞬間」という時間により分割するときは,「0 をいくら足しても 0」であるから, 瞬間の合成は決して T_1-T_0 にはならないだろう. これが第 1 の疑問の正確な表現である.

しかし, (*) の右辺の和は, 有限和であるから意味をもつが,「瞬間」は「無限個」あるから, 通常の和として考えるのは無理である. じつは, この場合の「無限和」にはまったく意味が付けられないのである(番号つきの無限数列については, それらの和に意味をつけることは可能である). したがって,「飛ぶ矢」のパラドックスは, 意味のないものに意味があると考えることから生じる「矛盾」なのである.

同じようなことが, 線分の長さについてもいえる. 線分は長さが 0 である「点」からなる図形であるが, だからといって線分の長さが 0 という結論は出ていない. いいかえれば, 長さが 0 の点が「無限個」集まってできる線分が, 正の長さをもっても矛盾ではない.

さて,「運動」とは何かについての疑問に答えよう.「飛ぶ矢」のパラドックスでは,「瞬間には静止している」から,「瞬間を合成した時間の間も静止している」と結論づける. 後半の文章が意味をもたないことは前に見たから,「瞬間には静止」しているように見えてもなんら問題はない. むしろ,「運動」の数学的(あるいは物理的)理解は, 瞬間には物体が「ある位置にいる」ことを認めることからはじまる.

矢(の先端)の位置を, 文字 x で表わそう(矢が飛ぶ直線上の点を数で表わし, x を数と思ってもよい). x は時刻が進むにつれて変化するが, 時刻 t の瞬間にはある位置に「いる」から, この位置を $x(t)$ により表わそう. こうして, 変数 t をもつ「関数」$x(t)$ が得られる. すなわち,「運動」とは, 時刻を独立変数とし, 位置を従属変数とする関数に「翻訳」されるのである.

読者はこう考えるかもしれない.「運動が単なる関数といういい方では, 物が「動いている」ことを表わす感じが失われるのではないか. たとえば, 物が動くときの「速度」は, このような解釈では表現できないのではないだろうか.」

読者の心配は無用である. 時代はずっと後になるが, ニュートンは微分学を確立することにより, 運動を表わす関数から「速度」や「加速度」の概念を完全に取り出すことに成功したのである. そして, 運動は時間を変数とし, 位置を従属変数とする関数 $x(t)$ としてモデル化され[*1], 時刻 t における運動の状態は位置 $x(t)$ と速度(微分) $\dot{x}(t)$ で表現されるのである.

[*1] 座標を用いることにより, 空間も実数を使ってモデル化している. バナッハ−タルスキーの定理も, このモデル化された空間での主張である.

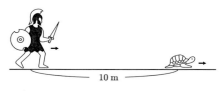

図18 アキレスと亀

アキレスと亀のパラドックス

次に,「アキレスと亀」のパラドックスに移ろう.

まず,アキレスと亀の運動を数学的に記述してみる.アキレスは毎秒1メートル,亀は毎秒50センチメートルで歩くとして,10メートルの距離をあけて同じ方向に歩きはじめるとする(図18).歩く距離は(速さ)×(歩く時間)に等しいから,アキレスの最初の位置を0とし,歩きはじめる時刻も0とすると,t秒後のアキレスの位置はちょうどtメートルのところである.一方,亀はその時刻には$\left(\frac{1}{2}\right)t+10$メートルのところにいる.よってアキレスと亀の間の距離は

$$\left\{\left(\frac{1}{2}\right)t+10\right\}-t = 10-\left(\frac{1}{2}\right)t$$

となる.$t=20$とすると,これは0になるから,20秒後に追いつくことになる.これは,通常の時間での話である.しかも,この結果は現実に起こることを正確にいい表わしている.

一方,最初の10秒で,アキレスは亀の歩きはじめた位置に着く.その間に,亀は5メートル先に進んでいる.これを1回目としよう.2回目には,亀のいた地点にアキレスは5秒で達し,その間に

亀は 2.5 メートル進んでいる．これを繰り返せば，アキレスの歩く時間は次のようになる．

1回目	2回目	3回目	⋯	n 回目
10 秒	5 秒	2.5 秒	⋯	$10 \times 2^{-n+1}$ 秒

等比数列の和の公式により，最初から n 回目までにかかる時間（秒）は

$$10+5+2.5+\cdots+10\times 2^{-n+1}$$
$$= 10(1+2^{-1}+2^{-2}+\cdots+2^{-n+1})$$
$$= 10\frac{1-\left(\frac{1}{2}\right)^n}{1-\left(\frac{1}{2}\right)} = 20\left\{1-\left(\frac{1}{2}\right)^n\right\}$$

となる．

ゼノンが「いつまでたってもアキレスは亀に追いつけない」というのは，どのような自然数 n に対しても

$$20\left\{1-\left(\frac{1}{2}\right)^n\right\} < 20$$

という主張にほかならない．ということは，「いつまでたっても追いつけない」の意味は通常の時間とは異なり，亀がいた位置に追いつくプロセスに終わりがないこと，いいかえれば回数 n に「限りがない」ということである．すなわち，プロセスの回数と通常の時間を同じレベルで語ることから生じた矛盾が，「アキレスと亀」のパラドックスである．

こういってしまうと，身も蓋もない感じがするだろう．実際，哲学者は，このような説明では納得しない．アキレスは，彼の行動の間に「無限のプロセス」を「完了」してしまうことになるが，これ

は奇妙なことではないのか．また，有限時間の間に無限個の点を通過できるのはなぜか．人間の行為の中に，「無限」が忍び込んでいるのは不合理ではないか．このような疑問に答えようとする努力が，アリストテレスやベルクソンを含む多くの哲学者によりなされた．しかし，彼らの結論が他の人々を満足させるようなものかは疑わしい(参考文献[12])．また，時間や空間が最小単位から構成されているという仮定で説明しようとする試みもあるが，そこまで考えを致す必要はあるだろうか(参考文献[20])．

むしろ，数学者としては，人間の行為としての「数え上げる」プロセスを，「時間」に内挿することに無理を感じるのである．このような見解は，第5章で述べることになる「無限を取り出す」論理にも適用される．

ユードクソスの積尽法

さて，直前に述べた「アキレスと亀」のパラドックスにおいて，n を大きくしていくと $\left(\frac{1}{2}\right)^n$ は 0 に近づいていき，「最後には 0 に等しくなる」．よって $20\left\{1-\left(\frac{1}{2}\right)^n\right\}$ は「最後には 20 に等しくなり」，アキレスは亀に 20 秒後に追いつく．すなわち，この場合には「最後に……」という論法を使っても「正しい」結論が導かれる．「無限」に関する同じ論法で，一方では正しく，他方では間違った結論が得られるのはなぜか？

このように，アンティポンの論法やゼノンのパラドックスは，「無限」の数学的処理についての問題を提起したといえる．

ここに，天才ユードクソス(B.C.408 頃-355 頃)が登場する．ユードクソスは，「無限」を扱う際に，「無限」の思考プロセスを回避す

る論法を発見したのである.

1つの量を考える(たとえば,長さや面積・体積のような幾何学的「量」).この量の半分,または半分より大きい量を取り去り,残りから,さらにその半分または半分より大きい量を取り去る.これを繰り返すと,量は「かぎりなく」小さくなっていくだろう.この際限のないプロセスを,「有限」の立場からいいかえられないものだろうか.そこで,ユードクソスは,次のように考えた.

> 「あらかじめ(任意に)指定した量を考える.上のプロセスを繰り返すと,残りの量はついにはこの指定した量より小さくなるだろう.」

これをユードクソスの積尽法(あるいは取り尽くし法)という.

数式で表わすため,a_0 を最初の量,a_n を n 回目に残る量とすると

$$a_n \leq 2^{-n} a_0 \quad (n = 1, 2, 3, \cdots)$$

となる.上でいったことは,ϵ をあらかじめ指定した量とすると,番号 n_0 を適当に選べば,n_0 より大きい n について

$$a_n < \epsilon$$

が成り立つということである.

ユードクソスは,この論法を用いて,

「円の面積の比は,その直径の平方に比例する」

「球の体積の比は,その直径の立方に比例する」

「角錐の体積は,同底,同高の角柱の体積の $\frac{1}{3}$」

であることを証明した.

微分積分に慣れ親しんだ読者は,複雑な図形の面積や体積を求め

るのに,「極限」論法が本質的に使われていることを知っている.たとえば,正多角形で円を「近似」して,正多角形の面積の「極限」として円の面積を求めるのが,自然な考え方だろう(実際,極限を正確に定式化しさえすれば正しい考え方である).しかし,極限論法が確立していない時代であるから,ユードクソスはアンティポンの誤謬を避けるため,このような方法はとらない.積尽論法を背理法と組み合わせることにより,面積や体積を求めるのである(囲み「ユードクソスの積尽法」参照).そこには,無限の思考プロセスはない.

その使い方は現代の極限論法(ε-δ論法)とは異なるものの,ユードクソスの考え方は,現代数学に直結している.すなわち,無限のプロセス,あるいは無限そのものが現れる数学の事柄を,有限の言葉でいい表わそうとする「有限主義」や「形式主義」の端緒なのである.

---- **ユードクソスの積尽法** ----

ユードクソスの論法を用いて,三角錐(四面体)の体積を求めてみよう.ただし,斜角柱の体積が,底面積×高さであることはすでに知っているものとする.まず,底面積と高さがそれぞれ等しい2つの三角錐の体積が等しいことを証明する.2つの三角錐(の体積)をVとWとする.$V>W$と仮定しよう.Vの方に注目して($V<W$の場合はWに注目),図19のようにVを分割する.

V_1により,小三角錐(の体積)を表わすことにすると,VにはV_1が4つ入るから$V>4V_1$となる.一方,2つのV_1を除いた残りは2つの角柱PとP'になり,PからV_1を除いた多面体と,P'からV_1を除いた多面体は合同である.よってPと

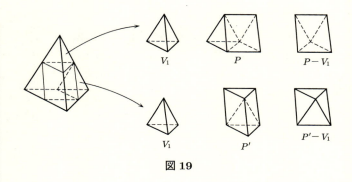

図 19

P' の体積は等しい．角柱 P' の体積は V の底面積の $\frac{1}{4}$ (P' の底面積) と V の高さの $\frac{1}{2}$ (P' の高さ) をかけたものに等しいから，結局，P と P' を合わせた多面体の体積 P_1 は，V の底面積と高さで決まる．V は 2 つの V_1 と P_1 の和であるから

$$V = 2V_1 + P_1$$

を得る．三角錐 V_1 の底面積は V の底面積の $\frac{1}{4}$ であり，高さは V の高さの $\frac{1}{2}$ であることに注意しよう．

2 つの小三角錐 V_1 に対して同様の分割を行ない，これを続けていく．V_n を n 回目に得られる小三角錐 (の体積) とすると

$$V > 4^n V_n, \qquad V = 2^n V_n + P_n$$

という式が得られる．ここで P_n は V の底面積と高さで決まる量である．よって

$$V < 2^{-n} V + P_n$$

W に対しても同様のことを行なうと，W の底面積と高さで決まる量 Q_n により

$$W = 2^n W_n + Q_n \quad (< Q_n)$$

と表わされる．仮定により，V の底面積と高さは W の底面積と高さにそれぞれ等しいから $P_n = Q_n$．よって

$$V - W < (2^{-n}V + P_n) - Q_n = 2^{-n}V \qquad (*)$$

となる．一方，ユードクソスの積尽法を適用すると，

$$2^{-n}V < V - W$$

をみたす番号 n が存在するから，これは (*) に反する．よって $V = W$ でなければならない．

次に，三角錐の体積は，底面積×高さ÷3 であることを示そう．

図20のように，与えられた三角錐 $(1231')$ に対して，2つの三角錐 $(1'2'3'3)$ と $(1'2'32)$ を合わせて斜角柱を作る．$(1231')$ と $(1'2'3'3)$ は合同な底面 (123)，$(1'2'3')$ と等しい高さをもつから，体積は等しい．また $(1231')$ と $(1'2'32)$ は合

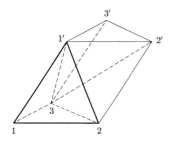

図 20

同な底面 (121′), (1′2′2) と同じ頂点 3 からの高さが等しいから,体積は等しい.よって,斜角柱が同じ体積の 3 つの三角錐からなることがわかり,斜角柱の体積が底面積(＝三角錐の底面積)と高さ(＝三角錐の高さ)の積であることから,三角錐の体積は,底面積×高さ÷3 であることが証明された.

実無限に向かって

これまでに扱った「無限」には,2 種類の「無限」があることに読者は気づいたであろう.物や回数を数えていくときに現れる「際限なく続くもの」としての「無限」と,直線上の点の全体や,時間の中にある「瞬間」全体のように,人間の行為とは別にある,イデアとしての「無限」である.

自然数 1, 2, 3, 4 … は,この 2 種類の「無限」を兼ね備えている.実際,自然数は物を数えるための標識であり,それゆえに際限なく続く「無限」を体現している.一方,自然数全体からなる 1 つの集まりは,集合としての「無限」である.

「無限」に対するこのような考え方は,すでに古代ギリシャに登場した.たとえば,アリストテレスは,それ自体として「存在する無限」(現実態としての無限)と,際限のないプロセスとしての無限(可能態としての無限)に区別した.そして,真に無限なものは実無限としては存在せず,つねに未完成に終わるプロセスとしての無限のみ存在するとしたのである.

実際,自然数全体の集合 $\{1, 2, 3, 4, \cdots\}$ というとき,それはどのように把握されるのか.自然数が,人間の行為としての「数え上げ」と強く結び付いているかぎり,自然数全体などというものは考

えようもない.「数え上げ」が終了したときにのみ,自然数全体といういい方が許されるのであって,われわれ人間には不可能なことではないのか.

── 無限の存在 ──

　昔,村上龍氏の『限りなく透明に近いブルー』という小説が,文壇のみならず広くジャーナリズムにおいても大きな話題になったことがある.当時,その刺激的な内容もさることながら,タイトルの付け方の上手さに感心したことを覚えている.

　この小説は逆説的内容に溢れているのだが,タイトル自身も逆説的である.実際,限りなく透明に近いブルーとはどのような色のブルーなのだろうかと考えると,一種のパラドックスに入り込む(こんなことを考え込むのは,数学者だけだろう).ある特定のブルー色を考えて,この色がそのブルーだといったとしても,それよりさらに透明に近いブルーが存在するだろう(ユードクソスの論法!).ということは,限りなく透明に近いブルーとは,透明色にほかならないことになる.しかし,透明色をブルーというのは奇妙である.すなわち,限りなく透明に近いブルーなど,存在しないことになる(背理法!).

　「無限」という概念は,経験の世界にはないだけに,どことなくロマンを感じさせるものがある.「限りなく透明に近いブルー」というこの小説のネーミングは,その感覚にうまく合致しているのである.

　しかし数学者は,「点」や「直線」をイデアとして「実在」のものとする精神を,古くから獲得している.たしかに,点や直線は,現実の世界には存在しない.その意味が理解され,思考の対象にた

図 21 カントル

ることによって，絶対的な「実在」となるものである（プラトン）．それなら，イデアとしての「実無限」を認めることに何の問題があろう．実際，古代ギリシャ以来，数学者は無意識のうちに「実無限」を扱っていたのである．たとえば，ユードクソスは無限のプロセスを回避したが，そのかわり陰に実無限を使っている．

「実無限」そのものを扱う数学理論である集合論を構築したのは，カントルである．彼は，イデアとしての集合の概念を導入し，「無限」がそこにあるかのごとく自由に論じることを提唱した．まさに「無限の彼方」への大きな飛翔である．しかし，カントルの理論は，当時としては革命的内容を含んでいたため，「無限」に臆病な数学者たちには容易に受け入れられなかった（たとえばクロネッカーは「神は整数を創造した．他のすべては人間の仕業である」と言って，カントルの理論に強行に反対した）．彼らにもそれなりの理由がある．カントルによる素朴な集合の定義からは，パラドックスが生じるのである（囲み「ラッセルのパラドックス」参照）．それは，無制限に「実無限」を扱うことへの警鐘であった．しかし，その後，集合論の厳密な公理化によりパラドックスは克服され，集合概念は現代数学の基礎となったのである．

ラッセルのパラドックス

集合論に立ちはだかったパラドックスは数種類あるが，ここではそのうちの1つであるラッセルのパラドックスについて説明しよう．a が集合 A の要素であることを，$a \in A$ により表

わし，a が A の要素でないときは，$a \notin A$ により表わそう．次のような集合 X を考える．

$$X = \{x | x \notin x\} \qquad (*)$$

(すなわち，X は「それ自身を要素として含まないすべての集合を要素とする集合」である．) このとき，

(1) $X \in X$
(2) $X \notin X$

のいずれか 1 つが成り立つ(排中律)．$X \in X$ であるときは，X の定義(*)から，$X \notin X$ であり，$X \notin X$ のときは，やはり X の定義(*)から，$X \in X$ となる．いずれにしても，「$X \in X$」とその否定「$X \notin X$」が同時に成り立つことになって矛盾である．

この矛盾は，(*)で定義される「ものの集まり」が，集合としては「大きすぎる」ことから起こるのである(数学で通常現れる集合はすべて X に属す)．すなわち，「ものの集まり」のすべてを，集合という概念で把握してはならないことになる．ラッセルのパラドックスは，素朴な集合論から公理的集合論に移行することにより解消する．

現代数学がどのように積尽法を取り入れたかを理解してもらうため，「数の列 $a_1, a_2, \cdots, a_n, \cdots$ が数 a にかぎりなく近づく，すなわち，$\{a_n\}_{n=1}^{\infty}$ の極限が a である」ことを，ユードクソスの論法に倣って実無限の立場から言いなおしてみよう．まず，数列は「自然数の集合 $\boldsymbol{N}$ 上の実数に値をとる関数」のことと考える．これは，時刻とともに位置を変える運動を関数として扱ったように，番号とともに値を変えていく数列を集合論の枠内で取り扱うための言い換

えである．そして，「限りなく近づく」ということは，「「任意」の正数 ϵ に対して，$|a-a_n|<\epsilon$ が「任意」の $n \geq n_0$ に対して成り立つような「ある」n_0 が存在する」という命題に言い換えるのである．この命題は，「任意」と「ある」をそれぞれ論理記号 $\forall$, $\exists$ で置き換えれば，述語論理で扱われる厳密な形式(形式言語)として表現される．第1章で述べた盾と矛の命題 P, Q も，このような形式で表わされていることに注意しよう(ただし，「すべての」は「任意の」と，「…が存在する」は「ある…が存在する」と読み換える)．

　数学者は形式言語による厳密化をとくに目指しているわけではない(実際，数学の論文でも，図や日常用語を自由に使っている)．しかし言葉の曖昧さを取り除いていく過程の先には，必ず形式言語による表現が存在する確信しているのである．もっと強く言えば，形式言語で表わせないような言明は，数学としては不完全なのである．

　[**例**]　厳密な表現形式が問題を解決する例として，「うそつきのパラドックス」を取り上げよう．これは，新約聖書の中の「テトスへの手紙」の第1章で引用されている「クレタ人は，いつもうそつき，たちの悪いけもの，なまけ者の食いしんぼう」とクレタの預言者エピメニデス(紀元前6世紀)が述べたことに端を発するパラドックスである．文章を単純化して，「クレタ人であるエピメニデスが，『クレタ人はうそつきである』と発言した」としよう．読者は「何かがおかしい」と感じたに違いない．そこで，この発言を分析してみる．

(1)　もし発言が本当であれば，クレタ人の1人であるエピメニデスはうそつきなことになり，彼の発言はうそになる．

(2) もし発言がうそであれば,「クレタ人はうそつきではない」ということになり,とくにクレタ人の1人であるエピメニデスの発言は本当のことになる.

よって,「本当であればうそ」,「うそであれば本当」となって矛盾になる.これが,パラドックスといわれる所以である.

しかし,前半の部分(1)は正しい推論であるが,後半(2)は正しくない.したがって,これはパラドックスではない.実際,「クレタ人はうそつきである」を文脈に沿って正確に表現すれば「すべてのクレタ人がうそつきである」となるのであり,これを否定すると,「あるクレタ人はうそつきではない」ということになる.このクレタ人がエピメニデスである必要はないから,(2)の推論は正しくない.したがって,「エピメニデスの発言はうそ」ということで解決されるのである[*2].

次章では,集合論の確立後もその論理の中に残っていた「限りのない」プロセスの残滓を打ち消していく様子を見る.

[*2] うそつきのパラドックスは,次のように変更すると,本当のパラドックスになる.「私は『私の発言はうそである』と発言し,その他の発言はしなかった.私の発言は本当か,うそか.」

第5章 バナッハ–タルスキーの定理の背景にあるもの

「無限の彼方」に向かう旅も,いよいよ最終目的地に近づいた.本章では,「無限の論理」の代表格であり,バナッハ–タルスキーのパラドックスの源泉でもある「選択公理」について解説する.

類別と代表

「選択公理」とは何かを説明する前に,「類別」と「代表」についてふれておこう.

類別は分類ともいわれ,日常的にも使われる言葉である.血液型の分類や動植物の分類などが,その例である.このような分類では,何か特徴となるものを取り出して,同じ特徴をもつものを同じ類に属するとするのが普通である.たとえば,動物の分類に脊椎動物という一門があるが,これは脊椎をもっていることを共通の特徴とする.

類別の数学的抽象化は,集合の分割である.一般に,1つの集合(たとえば空間の中の図形) X が,部分集合の族に分割されているとする.ここで,集合の族とは集合の集まり,すなわち集合を要素とする集合のことである.分割とは族に属す部分集合の和集合が X に一致し,かつ,族の中から取り出したどの2つの異なる部分集合も共通部分をもたないことである.分割の族の集合は,有限,

無限どちらでもかまわない．

[**例**] $X=\{1,2,3,4,5\}$, $A_1=\{1\}$, $A_2=\{2,4\}$, $A_3=\{3,5\}$ とすると，A_1, A_2, A_3 は X の分割を与える．

ほとんどわかりきったことだが，あるものの集まりが分類されると，その類たちは次の性質をみたしていることがわかる．
(1)　x とそれ自身 x は，同じ類に属する．
(2)　x と y が同じ類に属していれば，y と x も同じ類に属する．
(3)　x と y が同じ類に属し，y と z が同じ類に属すれば，x と z も同じ類に属する．

次のような記号 $\sim$ を導入しよう．

$$x \sim y \iff x と y は同じ類に属する$$

すると，右の性質 (1), (2), (3) は次のように表わされる．
(1)　$x \sim x$
(2)　$x \sim y$ ならば $y \sim x$
(3)　$x \sim y$, $y \sim z$ ならば $x \sim z$

一般に，集合 X の要素間の関係 $\sim$ が，これらの性質をみたすとき，この関係 $\sim$ を X 上の「同値関係」という．

[**例**] 2つの空間図形 K, L が合同であるとき，$K \sim L$ としよう．前に見たように，$\sim$ は空間図形全体からなる集合上の同値関係である．

同値関係が与えられると，要素が分類される．すなわち $x \sim y$ であるとき，x と y は同じ類に属するとするのである．こうして，X の分割が得られる．この分割に現れる部分集合を「同値類」とい

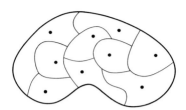

図 22 それぞれの選挙区(類)から代議士(代表)を1人ずつ選ぶ.

う．x が属する同値類は $y \sim x$ であるような y の全体からなることに注意しよう．

結局，集合の分割を考えることと，同値関係を考えることは，まったく同じなのである．

注 同値関係ではない関係もある．たとえば「友達である」という関係は同値関係とは限らない(三角関係！)．

次に「代表」について説明しよう．「類別したものから代表を選ぶ」といういい方から，選挙のようなものを思い浮かべる人もいるだろう．日本全国がいくつかの選挙区(当選者が1人の小選挙区)に分割され，選挙の折にはその選挙区に属す1人を代議士として選ぶ(図22)．選挙区は人の類別を与え，当選者は類別されたものからの代表である(まさに地域の代表である)．

分割の族に属する部分集合の1つの要素を，この部分集合の「代表」という．また，各部分集合から代表を取り出し，それらを集めた集合を「代表系」という．もちろん，代表のとり方は一意的ではないから，代表系としていろいろなものがとれる．

[**例1**] 自然数の集合を $\boldsymbol{N}$ とする．すなわち $\boldsymbol{N}=\{1,2,3,\cdots\}$．

自然数を3で割るとき,その余りは0, 1, 2のいずれかである.A_0を余りが0となる(すなわち3で割り切れる)自然数全体,A_1を余りが1となる自然数全体,A_2を余りが2となる自然数全体とする.

$$A_0 = \{3, 6, 9, 12, \cdots\}, \quad A_1 = \{1, 4, 7, 10, \cdots\},$$
$$A_2 = \{2, 5, 8, 11, \cdots\}$$

このとき $\{A_0, A_1, A_2\}$ は $\boldsymbol{N}$ の部分集合の族であり,しかも $\boldsymbol{N}$ の分割を与える.A_0 からは3,A_1 からは1,A_2 からは2をとれば,$\{3, 1, 2\}$ が代表系を与える.$\{6, 4, 5\}$ や $\{9, 10, 14\}$ も代表系である.

[**例2**] 素因数分解定理は,自然数がいくつかの素数の積で表わされることを主張する(たとえば,6=2·3,24=2·2·2·3).k を 0, 1, 2, 3… のどれかとして,B_k を素因数分解の中に現れる素数の個数が k であるような自然数全体とする.ただし,1については素数の個数は0とする.さらに,24=2·2·2·3のように素数が重複して現れる場合,重複分も個数に入れる.すなわち24の素因数分解に現れる素数の個数は4個と考える.$B_0=\{1\}$ であり,B_1 は素数全体の集合である.$\{B_0, B_1, B_2, \cdots\}$ は $\boldsymbol{N}$ の分割を与える.B_k から最小の数をとれば,代表系が得られる.

ラピュータ国の言語——自由群

同値関係と代表系の話が出たついでに,ちょっと寄り道をしよう.

スウィフト作の『ガリヴァー旅行記』には,主人公ガリヴァーが体験する奇想天外・抱腹絶倒の冒険譚が描かれている.中でも,ガ

リヴァーが3回目の航海の折に訪れる「空に浮く島」ラピュータ国の話は, 数学者としては大変面白い部分である.

この国では, 人々が「音楽と数学」を生活の基準においている. 彼らが実用幾何学を軽視するため, 家の壁は傾き, どの部屋の隅も直角になっていないことなど, 数学者の不器用さを彷彿とさせる. また, 天体の音楽を聞く耳をもつという記述には, ピタゴラス学派の考え方を思い起こさせるものがある. 彼らの不器用な生き方を笑うガリヴァーの態度に, スウィフト自身の数学観がにじみ出ていて興味深い.

さて, ラピュータ国の言語はどのようなものだろう. ガリヴァーによれば, 彼らの表現法も, もっぱら数学と音楽に依存していたという. それ以上, あまり詳しい記述はないので, ここでは勝手に想像することにしよう. (ラピュータ国の言語をもち出すことに, 読者は突飛な感じを受けるかもしれない. しかし, この節で述べることは, バナッハ–タルスキーの定理の証明に使われるのである(付録1参照).

世界中のどのような言語でもいえることだが, 言葉(単語)はいくつかの文字を並べて作られる(日本語の場合は, 平仮名と漢字, ときには片仮名が使われ, 英語の場合はアルファベット). ラピュータ国では, たった4つの文字で, すべての単語を表わすという. その4つの文字とはa, b, a', b'である. したがって, 単語は$ab'a'a'bab', aba'b'$のような文字の列で表わされる. さらに, まったく文字を含まない単語も考え, それを空の単語といい, $\emptyset$により表わすことにする(インドで「発見」された零(0)の役割と似ている).

通常の言葉では, 異なる単語が同じ意味を表わすことがある. た

とえば,「願望する」を意味する英語には wish, want, desire などがある. 一般には, 同じ意味の単語であっても, その間に文字列としての顕著な類似は見られない. ラピュータ国の政府は, 国民の便宜を考えて, 単語が同じ意味を有するための規則を次のようなものとした. 2つの単語が与えられたとき,

$$aa', \quad a'a, \quad bb', \quad b'b \qquad (*)$$

の形の文字列を挿入したり削除したりして, 一方の単語から他方の単語に変形できるとき, それらは同じ意味をもつとしたのである (a', b' のかわりに,「逆数」を表わす記号である a^{-1}, b^{-1} を使う流儀もある. この方が, $(*)$ の形の文字列を挿入したり削除する操作が自然に見える). たとえば

$$aab'bba \text{ と } aaba, \quad bb'aba'a \text{ と } ab, \quad abaa'b'a \text{ と } aa$$

は同じ意味をもつ. 3番目の例では,

$$abaa'b'a \longrightarrow abb'a \longrightarrow aa$$

のように変形する. $aa', abb'a'$ のように, $\varnothing$ と同じ意味になることもある.

一般に, 単語を w, z などの文字で表わそう. w と z が同じ意味をもつときに $w \sim z$ と表わすと, 関係 $\sim$ は単語の集合上の同値関係である.

この同値関係に対する代表系を取り出すため,「既約」な単語の概念を導入しよう. 単語 w の中に

$$aa', \quad a'a, \quad bb', \quad b'b \qquad (*)$$

の形の文字列が含まれているとき，w を「可約」な単語という．可約な単語は，(*)の形の文字列を削除することにより，より短い単語と同じ意味をもつことになる．単語が可約でないときは，「既約」といわれる．たとえば

$$abb'a \text{ は可約}, \qquad aba'b' \text{ は既約}$$

である．空な単語 $\varnothing$ は既約と考える．

簡単な考察でわかるように，各同値類（同じ意味をもつ単語の全体）はただ1つの既約な単語を含む．よって，既約な単語の集合は代表系である．

ラピュータ国の言語を研究していると，他の国とは異なる文法に気づく．たとえば，2つの単語をつなげて，新しい単語を作ったり，単語の文字列の順序を逆にし，さらに a と a', b と b' を取り替えることにより新しい単語を作るのである．たとえば

- $aaba'b'$ と $bab'a$ をつなげて $aaba'b'bab'a$
- $a'baab'$ の順序を逆にし，さらに a と a', b と b' を取り替えて

  $a'baab' \longrightarrow b'aaba' \longrightarrow ba'a'b'a$

のようにするのである．

一般に，単語 w_1 と w_2 をこの順でつなげて得られる単語を w_1w_2 により表わそう（w_2w_1 と w_1w_2 は異なる）．3つの単語 w_1, w_2, w_3 について

$$(w_1w_2)w_3 = w_1(w_2w_3) \tag{1}$$

が成り立つことは明らかだろう．さらに，

$$\varnothing w = w\varnothing = w \qquad (2)$$

も自明である．w_1 と z_1 が同じ意味をもち，w_2 と z_2 が同じ意味をもてば w_1w_2 と z_1z_2 も同じ意味をもつことが容易に確かめられる．すなわち

$$w_1 \sim z_1,\ w_2 \sim z_2 \quad \text{ならば} \quad w_1w_2 \sim z_1z_2 \qquad (3)$$

が成り立つ．

単語 w の文字列の順序を逆にし，さらに a と a'，b と b' を取り替えて得られる単語を w' で表わそう．2つの単語 w と z が同じ意味をもてば，w' と z' も同じ意味をもつこと，いいかえれば

$$w \sim z \quad \text{ならば} \quad w' \sim z' \qquad (4)$$

が成り立つ．さらに

$$ww' \sim w'w \sim \varnothing \qquad (5)$$

も明らかだろう．

これまでに述べたことから，単語の同値類の全体(「意味」の全体)には，2つの演算(積と逆)が導入される．

(a) (積の定義) W_1 と W_2 を2つの同値類とするとき，W_1 の要素 w_1 と W_2 の要素 w_2 を選んで，w_1w_2 が属する同値類を W_1W_2 とする．この定義において，要素 w_1, w_2 のとり方によらず W_1W_2 が定まることは，性質(3)による．

(b) (逆の定義) 同値類 W に対して，W の要素 w を選び，w' が属する同値類を W^{-1} とおく．W^{-1} を W の逆という．これが，w のとり方によらず定まることは，性質(4)による．

数字の 1 を借用して，∅ が属する同値類を 1 により表わすことにする．これまでに述べたことから，いま定義した同値類の間の演算は，次の性質を満足することが確かめられる．

(1) $(W_1 W_2)W_3 = W_1(W_2 W_3)$ 　　（結合律）
(2) $1W = W1 = W$ 　　　　　　　（1 の性質）
(3) $WW^{-1} = W^{-1}W = 1$ 　　　（「逆」の性質）

一般に，積と逆の演算が定義された集合 G が，特別な要素 1（単位元）をもち，上と同様の性質を有するとき，G を「群」という．単語の同値類のなす集合は，ここで定義した演算と空な単語の同値類を単位元とする群なのである．この群を，2 つの文字 a, b で生成された「自由群」という．自由群という名称は，a, b の間に「関係がない」，すなわち「自由である」ということに由来している．

同値類は，その代表である既約な単語と同一視できるから，自由群 G の要素を既約な単語で表わすことができる．特に a, b を G の要素と思えば，$a' = a^{-1}, b' = b^{-1}$ である．さらに G は「非可換」である $(ab \neq ba)$．

群の例はほかにも多数ある．たとえば，0 と異なる有理数全体は通常の積に関して群になる．また，空間の原点を通る直線を軸とする回転の全体は，写像の合成により群をなす（単位元は恒等変換）．これを 3 次元「回転群」という．

群の概念は，もともとは代数方程式の根号による可解性についてのガロアの理論に端を発する．20 世紀になって，群論は様々な分野と結び付き，巨大な理論として発展した．現代数学において群の概念の果たす役割はきわめて重要である．

さて，ラピュータ国の隣には，彼らが野蛮国と見下している国があった．なぜかというと，その国では，たった 2 つの文字 a, a' の

みを使った言語を話すからである．文法はラピュータ国のそれとまったく同じなのだが，それはあまりにも単純で，そのため高度な文化が育っていないというのがラピュータの人々の主張することである．たとえば，この言語では，既約な単語は

$$\cdots, a'a'a', \ a'a', \ a', \ \varnothing, \ a, \ aa, \ aaa, \cdots$$

というふうに，簡単にリストアップされてしまう．たしかに，このような言語からは，味わいのある小説や詩などは生まれないだろう．ラピュータ国の言語と同じように「意味」全体のなす群を作ると，

$$a_n = \begin{cases} \underbrace{a\cdots a}_{n} & (n > 0 \text{のとき}) \\ 1 & (n = 0) \\ \underbrace{a'\cdots a'}_{|n|} & (n < 0 \text{のとき}) \end{cases}$$

とすれば，それは $\{a_n | n \text{は整数}\}$ と表わされ，

$$a_m a_n = a_{m+n} = a_n a_m$$

であるから，積の演算が「可換」な群である．

第1章で述べたように，バナッハ–タルスキーの定理は空間（3次元）で成り立つが，平面（2次元）では成り立たない．この違いは，本質的にラピュータ国の言語の群と野蛮国の言語の群の間の違いに帰着するのである（囲み「面積もどき」参照）．もっと詳しくいえば，自由群と「同じ構造」をもつ群を3次元の回転群の中に実現できるが，2次元の回転群の中にはそのようなものが存在しないこと

が，違いの背景にあるのだ．第2章で述べた空間の回転群の「強い非可換性」とは，まさにこのことなのである．

面積もどき

ここで，ちょっと面白い定理を紹介しよう．

一般に，群 G に対して，次のような「面積もどき」m を考える．

(1) G のすべての部分集合 A に対して，正または0の数 $m(A)$ が対応する．

(2) G の部分集合 A と，G の要素 g に対して，$gA=\{ga|a$ は A の要素$\}$ とおくとき，$m(gA)=m(A)$ である．

(3) G の部分集合 A が，$A_1, \cdots, A_n$ に分割されているとき

$$m(A) = m(A_1)+\cdots+m(A_n)$$

(4) $m(G)=1$

群 G が，このような「面積もどき」をもつとき，G を「柔順」な群という．

定理

(1) G をラピュータ国の言語に対する群（自由群）とすると，G は柔順ではない．すなわち「面積もどき」をもたない．

(2) G を野蛮国に対応する群（あるいは，もっと一般に「可換」な群）とすると，G は柔順である． □

なんとなく，第3章の「体積とは何か」で述べた結果を思い起こさせる定理である．本当のところ，この定理はバナッハ−タルスキーの定理に密接に関連しているのである．

(2)の証明は難しいが，(1)は簡単に示すことができる．x を

$a, b, a^{-1}(=a'), b^{-1}(=b')$ のいずれかとして,x を最初の文字とする既約な単語の集合を $W(x)$ により表わす.このとき

$$G = \{\varnothing\} \cup W(a) \cup W(a^{-1}) \cup W(b) \cup W(b^{-1})$$

は G の分割を与える(空でない既約な単語は,a, b, a^{-1}, b^{-1} のどれかを最初の文字とする).一方,

$$G = W(a) \cup aW(a^{-1}) = W(b) \cup bW(b^{-1})$$

も G の分割である.実際,既約な単語 w が $W(a)$ に属していなければ,$a^{-1}w$ は a^{-1} を最初の文字とする既約な単語であるから,$a^{-1}w$ は $W(a^{-1})$ に属す.よって,w は $aW(a^{-1})$ に属す.すなわち,$G = W(a) \cup aW(a^{-1})$ である.

さて,自由群 G が「面積もどき」m をもっているとしよう.

$$1 = m(G) = m(\{\varnothing\}) + m(W(a)) + m(W(a^{-1})) + m(W(b))$$
$$+ m(W(b^{-1}))$$
$$1 = m(G) = m(W(a)) + m(aW(a^{-1})) = m(W(a)) + m(W(a^{-1}))$$
$$1 = m(G) = m(W(b)) + m(bW(b^{-1})) = m(W(b)) + m(W(b^{-1}))$$

これらから,$m(\{\varnothing\}) = -1$ を得るから矛盾である(背理法).

カントルの定理

さて,これまでの分割の例では,めでたく代表系がとれた.とくに「類別と代表」であげた例2は,無限個の部分集合による分割であったが,自然数の部分集合には必ず最小な数があることを利

用して，代表系を作ることができたのである．これは，1つ1つ順に代表を取り出さなくてもよいから，ある意味では不精な方法である．学校の1つのクラスがいくつかの班に分けられているとき，生年月日がもっとも早い生徒を班長にする不精な先生を思い浮かべればよい(ただし全員の生年月日が違うことが条件だが)．

一般の分割ではどうすればよいだろうか．少し難しい例を考えよう．

[**例**] 実数全体の集合を $\boldsymbol{R}$ とする．2つの実数の間の関係 $\sim$ を次のようにして定義する．

$$x \sim y \iff x-y \text{ は有理数}$$

この関係 $\sim$ は同値関係である．チェックしよう．
(1) $x-x=0$ であり，0 は有理数であるから，$x \sim x$
(2) $x-y$ が有理数であれば，$y-x=-(x-y)$ も有理数であるから，$x \sim y$ ならば，$y \sim x$
(3) $x-y$ と $y-z$ が有理数であれば，$x-z=(x-y)+(y-z)$ も有理数であるから，$x \sim y$, $y \sim z$ ならば，$x \sim z$

さて，この同値関係から得られる $\boldsymbol{R}$ の分割に対して，代表系をどのように選べばよいだろうか．「具体的」に選ぶか，少なくとも前の例のように，不精でもよいから，何か選び出す方法を与えてほしいのだが，それはできるだろうか．5分間考えてみよう．

さあ，5分たった．

おそらく，だめだったと思う．でも，これでめげていたら男(女)が廃る．次の策を考えるため，分割に現れる部分集合(同値類)たちに，番号を付けることができたとしよう．そして，それらを A_1,

$A_2, A_3, \cdots$ とする.そして,A_1 から 1 つ,A_2 から 1 つ,A_3 から 1 つというふうに,順番に代表を選んでいく.そして,それらを集めて,代表系とするのである.

けっこう妥当な方法にも見えるが,ここで天の声が聞こえる.

「お前の寿命は長くはない.寿命が尽きるまでに,すべてを選び終わるのか?」

そういわれればそうだ.では,選ぶ速度を速くしていったらどうだろう.たとえば,1 分,30 秒,15 秒のように,前の半分の時間で選んでいったら,2 分で選び終わるだろう(これは,ゼノンのパラドックスを思わせる).

ふたたび天の声,「そんなことが,お前にできるのか?」

そう,やはり不可能だ.いくら速くしても限度というものがある.選ぶのを機械にやらせることも考えられるが,それも現実的ではなさそうだ.それにゼノンのパラドックスのように,論理の操作を現実の時間にはめこむのはおかしな話である.

しかし,ここに,永久に代表を選び続けることのできる「絶対者」のようなものがいたと仮定したらどうだろう.

「それは,私のことか?」

「そう,あなたのことです.」

「お前のたっての願いなら,お前のかわりに私が代表を選び続けるとしよう.しかし,私が選んでいく代表を集めたものは,本当に「集合」といってもよいものなのか?」

ここで,集合の「定義」を思い出さなければならない.第 1 章で述べたように,集合とは「それに含まれるものがはっきりしているようなものの集まり」であった.

「代表を選んでいく手続きには終わりはない．途中の段階では，まだ選び終わってはいない同値類がある．そしてその中の要素は，代表となるのかならないのか「はっきり」とはしていない．ということは，もしお前の集合の定義が正しいのなら，私の選んでいく代表を集めても，決して集合とはならないのではないのか．」

では，絶対者のもう1つの資格として，「選び終える」ことが可能であるとしたらどうだろう．そうすれば，選び終えた代表の集まりである代表系は集合と考えられるのではないか．

そもそも，前にも述べたように，無限集合などというものを考えることは，まったく人間業ではない．なぜなら，それは一挙に見渡せるものではないからだ．そう，われわれが無限集合を1つの概念として受け入れているのは，無限を見渡すことのできる「絶対者」の存在を認めているのではないか．それなら，無限集合の「存在」をイデアとして認める人間が，代表系の存在を認めてもおかしくはないだろう．

そう考えていると，さらに絶望のどん底に引き込むような声がする．

「お前は，分割に現れる部分集合たちに，番号を付けることができると考えているようだが，それは不可能だ．」

なぜ不可能なのだろう．

カントルの定理

カントルの定理は，「対角線論法」によって証明される．実数全体に番号が付けられると仮定しよう．$\boldsymbol{R}=\{x_1, x_2, \cdots\}$とする．各$x_n$を小数展開して

$$x_1 = a_{10}.a_{11}a_{12}a_{13}\cdots$$
$$x_2 = a_{20}.a_{21}a_{22}a_{23}\cdots$$
$$\cdots\cdots$$
$$x_n = a_{n0}.a_{n1}a_{n2}a_{n3}\cdots$$
$$\cdots\cdots$$

とする.ただし,有限小数もすべて無限小数で表わしておく(たとえば21.32=21.319999…).さてここで,小数部分の「対角線」に当たる部分

$$a_{11},\ a_{22},\ a_{33},\cdots$$

を見て,

$$b_n = \begin{cases} a_{nn}+1 & (a_{nn} \neq 9) \\ 1 & (a_{nn} = 9) \end{cases}$$

とおく.$1 \leq b_n \leq 9$ である.実数 x を

$$x = 0.b_1b_2b_3\cdots$$

として定義しよう.x は $x_1, x_2, \cdots$ のどれかであるから,$x=x_n$ となる番号 n が存在する.両辺の小数展開の小数点以下 n 位を見ることによって

$$a_{nn} = b_n$$

を得る.ところが b_n の定義を見れば,$a_{nn} \neq b_n$ である.よって矛盾.

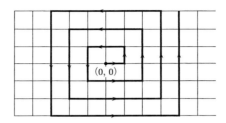

図 23 有理数に番号を付ける

ここで，集合論の創始者カントルが証明した有名な定理が登場する．それは，実数に番号を付けて，実数全体を過不足なく網羅するようにすることは不可能であるという定理である(囲み「カントルの定理」参照)．一方，有理数には番号が付けられる．たとえば，次のようにすればよい．

まず，集合 $\{(p,q)|p,q\text{ は整数}\}$ を考える．この集合は，座標平面の「格子点」の集合と同一視される．図 23 のように，原点 $(0,0)$ からはじめて，渦巻き状の「路」

$$\boldsymbol{x}_0 = (0,0) \to \boldsymbol{x}_1 = (1,0) \to \boldsymbol{x}_2 = (1,1) \to \boldsymbol{x}_3 = (0,1)$$
$$\to \boldsymbol{x}_4 = (-1,1) \to \boldsymbol{x}_5 = (-1,0) \to \cdots$$

を考え，$\boldsymbol{x}_n = (p,q)$ であるとき，(p,q) の番号を n とすれば，格子点には(0から始まる)番号が付けられる(読者の便宜を考えて図を使っているが，(p,q) の番号 n は p,q の式で表すことができる)．

さて，格子点 (p,q) の中で，次のようなものだけを考える．

$(0,0)$

(p,q)　$q > 0$，p と q は互いに素

このような格子点の全体を A としよう．A の要素 $(0,0)$ には零を，他の A の要素 (p,q) に対しては p/q を対応させることにより，集合 A と有理数の全体の間には1対1の対応がつく(すべての有理数は既約分数で表わされる)．したがって，A に属さない格子点をとばして，上と同じ順に A に属する格子点を数えていくことにより，有理数に番号を付けることができる(正確には，$(p,q)\in A$ に対して，$(p,q)=\boldsymbol{x}_n$ とするとき，$\{\boldsymbol{x}_0,\boldsymbol{x}_1,\cdots,\boldsymbol{x}_n\}\cap A$ の要素の数が (p,q) に付く番号である)．

有理数に番号が付けられたのだから，問題としている各同値類の要素にも番号を付けることができる．実際，もし代表系が選ばれたとしたら，代表 x が属する同値類は，$\{x+a|a\text{ は有理数}\}$ と表わされるからである．

ここで，同値類の全体に番号を付けることができたとして，それらを $A_1,A_2,A_3,\cdots$ としよう．各 A_n の要素には番号を付けられるのだから，

$$A_1 = \{a_{11}, a_{12}, a_{13}, \cdots\}$$
$$A_2 = \{a_{21}, a_{22}, a_{23}, \cdots\}$$
$$\cdots\cdots$$
$$A_n = \{a_{n1}, a_{n2}, a_{n3}, \cdots\}$$
$$\cdots\cdots$$

と表わすことができる．前の格子点の場合と同様に，これらの要素全部を合わせたものに番号を付けることができるから，結局実数に番号を付けることが可能になってしまう．これはカントルの定理に矛盾する．したがって，同値類の全体には番号を付けることはできないのである(背理法)．

一般に，要素に番号を付けることのできる無限集合を可算集合といい，そうではない無限集合を非可算集合という．カントルの定理は，実数の集合が非可算集合であることを主張している．このようにして，カントルは異なる種類の(実)無限が存在することを発見したのである．

選択公理

代表系を構成するのに，分割に現れる部分集合に番号を付けられれば何とかなると思ったのに，それはだめなようだし，上の例では番号も付けられない．番号を付けられなければ，1つずつ代表を取り出して代表系を作ろうとしたことじたい，無駄な努力だった．

しかし，代表系をもつ分割がある一方で，代表系が存在しない分割があるというのはおかしなことである．だから具体的な方法がなくても，代表系がとれると仮定することは，そう不自然ではないだろう．それなら，いっそのこと，これを「公理」として付け加えてしまおう．

そういうわけで設定されたのが，次の選択公理である．

選択公理

集合 X が，空でない部分集合の族に分割されているとする．このとき，各部分集合から1つずつ要素を選び出して，それらを集めることにより，1つの集合を作ることができる[*1]．

[*1] さらに正確に表現すれば，「集合 X が部分集合の族 $\{Y_\lambda\}_{\lambda \in \Lambda}$ に分割されているとき，X の部分集合 A で，すべての $\lambda \in \Lambda$ に対して $A \cap Y_\lambda$ がただ1つの要素からなるようなものが存在する」．

再び，声がする．

「お前は，「選び終える」ことのできる絶対者として私を必要とした．さらにそのうえ，番号さえ付けられない同値類の中から，代表を選び終えることまで私に要求するのか？」

「そうです．その通りです．」

「もちろん，絶対者である私には，それは造作もないことだ．そして，私を味方に付けることによる利益は大きい．数学は大いに発展するだろう．しかし，その結果，失うものも大きいぞ．」

「それは何ですか？」

「私が選んだ代表系をお前に与えよう．しかし，お前には，それがどのように作られたのか，まったく理解できない．その構成法を人に説明できないのだ．それでもよいのか．」

たしかに，数学では，具体的構成法（アルゴリズム）をだいじにしてきた．古くは，2つの自然数の最大公約数を求めるためのユークリッドの互除法や，新しいところでは，線形計画法などにおけるアルゴリズムが例である．しかし，一方では，背理法を使った証明のように，具体的構成法にあまり意を払わないでも問題はないという考え方もある．

数学は，その両面をもちつつ発展してきた．だから，今さら具体的構成法がないからといって，おそれる必要はないだろう．

「覚悟ができているのなら，それでよい．しかし，選択公理の結論として，バナッハ–タルスキーのパラドックスのような定理が得られる．それをお前は許容できるのか．」

「バナッハ–タルスキーの定理と選択公理は，どのように結び付くのですか？」

「この定理の分割に現れる図形を作るには、空間上に定義された同値関係に対する代表系を必要とするからだ．この同値関係は、空間の回転群の内部に実現される自由群を使って定義される．状況は少し異なるが、前節で考えた実数の集合 R 上での同値関係の代表系を思い出してみよ．実数の集合は直線と同一視できるから、この代表系は、直線の中の図形と思うことができる．しかし、この図形は、選択公理を使わずに作ることはできないから、具体的に書き表わすことは不可能なのだ．バナッハ－タルスキーの定理に現れる図形は、まさにこのようなタイプの図形といってよい．もし、興味があるなら、この本の付録1を見よ．」

もう、心の中の「絶対者」と対話するのはやめよう．もっと、気楽に考えるほうが精神衛生によい．「論理」が「絶対者」の代わりをするだけだ．

「選択公理」を仮定するということは、コンピュータのプログラムに不備(バグ)があって、思いどおりに動いてくれないとき、新しい命令文を挿入して、コンピュータを動かす、そんな感じ方をすればよいのだ．幸いなるかな、このプログラムは、現在軽快に作動している．

「公理」を付け加えるということで思い出すのが「平行線の公理」である．前にも述べたように、ユークリッドの『原論』は、いくつかの公理(公理系)を出発点として、定理を証明していく体系をとっている[*2]．

この中で、数学史上最大の論争を呼んだのが「平行線の公理」で

[*2] 正確には『原論』の中では公理の代わりに公準という言葉が用いられており、「平行線の公理」は5つある公準の最後の公準(第5公準)である．

図 24 ツェルメロ

ある.実は,もともとのユークリッドによる「平行線の公理」の表現が,他の公理とくらべて複雑であり,さらにその主張を平面の有界な範囲で検証することが不可能であったこともあって,ユークリッド以降の数学者の批判の対象になったのである.「平行線の公理」は他の公理から証明できるのではないかと,2000 年におよぶ努力が多くの数学者によってなされた.そして 19 世紀に入り,ようやく「平行線の公理」が他の公理からは証明できないこと(独立性)が,ガウス,ロバチェフスキー,ボヤイによって確かめられたのであった(参考文献[10]).

「平行線の公理」の独立性の証明は,それ以後の幾何学の発展に大きく寄与した.しかし,この公理自身が及ぼす影響の理論的範囲は,古典幾何学の枠内に収まる.一方,「選択公理」は,集合論の公理である.そして,集合論は現代数学の基礎である.したがって,「選択公理」は数学全体に大きな影響を与えることになるのだ.

歴史上,選択公理はそう簡単に数学界に受け入れられたものではない.カントルが集合論を創始した後,集合論はしだいに形を整え,内部に含む矛盾も克服されていった.そのような中で,選択公理についての論争を引き起こすことになる 1 つのセンセーショナルな結果が,1904 年にツェルメロ(Ernst Zermelo; 1871-1953)によって発表された[*3].

[*3] "Beweis, dass jede Menge Wohlgeordnet werden kann", *Mathematische Annalen*, **59** (1904), 514-516.

> **整列可能定理**
>
> X を集合とする．X の要素の間には，次の性質をみたすような大小関係(順序)を入れることができる．
> (1)　X の 2 つの要素は，いつでも大小が比較可能である．
> (2)　X の任意の部分集合には，最小な要素が(ただ 1 つ)存在する．

　X が有限集合の場合には，その要素を横に並べて，左側の要素より右側の要素の方が大きいと約束すれば，確かに (1), (2) をみたす大小関係になる．X が自然数の集合のときは，通常の大小関係を考えれば，明らかに性質 (1), (2) をみたす．整列可能定理がいわんとしているのは，どのように大きな無限集合に対しても，あたかも有限集合の要素や自然数を並べるように，その要素たちを並べることができるということである．

　しかし，実数を並べることを考えてみてほしい(通常の大小関係では，(2) がみたされない)．そんなことが可能なのかと疑問に思うだろう．実際，ツェルメロは並べるための具体的方法を与えたわけではない．彼の証明には選択公理が登場するのである．そして，彼の論文こそ，選択公理が明確に述べられた最初の場であった．

　注意　整列可能定理を公理として採用すると，選択公理が証明される(すなわち，選択公理と，整列可能定理は同値な命題である)．実際，集合 X の分割が与えられたとき，分割に現れる部分集合の代表として，その中の最小な要素をとればよい．

　ツェルメロの論文が発表された直後，フランスの数学者ボレルやベールは，選択公理に述べられている命題が証明不可能であること

を理由にして，整列可能定理の結論に疑義を申し立てた．これに対してツェルメロは，証明不可能性が非妥当性を意味するわけではなく，むしろその命題が独立な公理として採用される正当性を意味していると反論した．

同じフランスの数学者ルベーグとアダマールは，代表系が「存在する」ことと，代表系を「具体的に与える」ことの違いを強調する．ルベーグはさらに数学的対象の定義の問題に言及し，ツェルメロの論理がこの点で不十分であるとして批判した（ルベーグは，近代的積分論の創始者として有名であるが，実は彼自身の理論の中で，無意識のうちに選択公理を使っている（囲み「一見すると当たり前」参照））．一方，アダマールは，ツェルメロの仕事に好意的立場をとった．

選択公理が，バナッハ-タルスキーの定理のような常識的感覚に馴染まない結果を生み出すことから，この公理の正当性を疑う見解もある．純粋な論理がもたらすこの空間の性質と，現実の空間に対する直観的な理解の間には，大きな乖離があることは確かである．しかし，第3章でも述べたように，パラドックスの源を見いだすことにより，常識的感覚や直観は，無批判に受け入れている固定観念から生み出されることがわかる．

―― 一見すると当たり前 ――

集合論に次のような「当たり前」に見える定理がある．

「任意の無限集合は可算部分集合を含む」

あえて証明を与えるとすれば，次のように行なうのが普通だろう．X を無限集合とするとき，これは空ではないから，1つの要素 a_1 を取り出すことができる．X から a_1 を取り除い

ても空でないから，a_1 と異なる要素 a_2 を取り出すことができる．X から $\{a_1, a_2\}$ を取り除いても空でないから，a_1, a_2 と異なる要素 a_3 を取り出すことができる．これを続ければ，すべてが相異なる要素の列 $a_1, a_2, \cdots$ を取り出すことができて，$A = \{a_1, a_2, \cdots\}$ とおけば，A は X の可算部分集合である．

読者の中には，この証明が「不完全」であることに気づいた人もいるだろう．実際，「これを続ければ」とあるが，これでは証明の中に確定していない要素を次々に選ぶという無限に続くプロセスが忍び込んでいて，証明としては不完全なのである．上の証明で確実に言えたことは，「任意の n に対して，n 個の要素を持つ部分集合が存在する」ということだけである（正確には数学的帰納法を使う）．

実は，この定理の証明には選択公理を必要とする（詳しくは参考文献[8]を見よ）．これは，「見えない」形で選択公理に依存している定理の代表例である．

このような論争はあったものの，選択公理は結局数学の中に取り入れられ，それをもとに多くの結果が生み出されたのである．選択公理なしには，現代数学はないといってもよい[*4]（参考文献[14]参照）．

ここで注意しておきたいのは，現代数学は，直観主義や構成主義のように選択公理を前提としては認めない立場も許容していることである．この2つの立場は決して互いを非難しあう関係ではなく，むしろ数学の豊かさを保証しているのだ．

[*4] 「面積もどき」について述べた囲みの中の定理に，「可換群は従順である」とあったが，これを証明するのに選択公理を使う．

最後に,ヘーゲルの「無限」に対する言明を引用しよう.

「無限には2種類ある.否定的無限と真無限である.否定的無限は果てしのない進行をいい,これは有限を越えて進むが,どこまで進んでも有限に止まる.これに対して,真無限とは他者のうちにおいて自己自身に止まるところの普遍者,有限なものを契機として止揚している精神・絶対者である.」

これまでにも見てきたように,実(真)無限を把握し,選択公理を認める精神は,まさに絶対者の精神である.しかし,我々は,絶対者を必要とはしない.「無限」は,「論理」という思考を通して,我々人間の理念の中に生き始めているのである.

読者は,今や「無限の彼方にあるもの」を凝視している.

付録1　バナッハ–タルスキーの定理の証明

集合，写像，群，線形代数については既知とする．

1. 群作用

G を群，X を集合とする．次の性質をみたす写像 $f: G \times X \to X$ が与えられたとき，群 G は X に**作用**するといい，X を **G-空間**という：$f(g, x) = gx$ ($g \in G$, $x \in X$) と表わすとき

(1)　$1x = x$　（1 は G の単位元）

(2)　$g(hx) = (gh)x$　($g, h \in G$, $x \in X$)

［例］　S^2 を原点を中心とする球面とし，$SO(3)$ を回転群とすると，S^2 は $SO(3)$-空間である．ここで，回転群 $SO(3)$ は，3次の実正方行列 g で，

$${}^t g g = I \quad \text{（単位行列），} \quad \det g = 1 \quad ({}^t g \text{ は，} g \text{ の転置行列})$$

をみたすもの全体からなる乗法群(積は行列の積，逆元は逆行列，単位元は単位行列)のことである．

［例］　$\mathbf{R}^3$ を3次元ユークリッド空間，$M(3)$ を $\mathbf{R}^3$ の合同変換群(原点のまわりの回転と平行移動の合成として得られる変換の全体)とすると，自然な作用により $\mathbf{R}^3$ は $M(3)$-空間である．

［例］　G を任意の群とし，G の G 自身への作用を $f(g, h) = gh$ により定義する．これを G の G 自身への**左作用**という．

［例］　X を G-空間とし，G_1 を G の部分群とするとき，G-作用を G_1 に制限することにより，X は自然に G_1-空間となる．

G-空間 X において，$g \in G$, $x \in X$ について $gx = x \Rightarrow g = 1$ が成り立つとき，G は X に**自由**に作用するという．

[例] 群 G の左作用は，自由な作用である．

G-空間 X が与えられたとき，X には次のようにして同値関係 $\sim$ が入る：$x \sim y \Leftrightarrow y = gx$ となる $g \in G$ が存在．x を含む同値類は，$Gx = \{gx | g \in G\}$ である．同値関係 $\sim$ の代表系を G-作用の代表系という．

[例] $G = \boldsymbol{Q}$ を有理数のなす加法群，$X = \boldsymbol{R}$ を実数の集合とし，G の X への作用を $f(a, x) = a + x$ により定義するとき，対応する $\boldsymbol{R}$ 上の同値関係は，73 ページで考察した同値関係と一致する．

2. G-分割合同

X を G-空間とする．X の部分集合 A, B に対して，$B = gA (= \{ga | a \in A\}$ となる G の要素 g が存在するとき，A は B に $\boldsymbol{G}$-**合同**であるといい，$A \equiv_G B$ と表わす．明らかに，関係 $\equiv_G$ は，X の部分集合族の上の同値関係である．$X = \boldsymbol{R}^3$，$G = M(3)$ の場合は，G-合同は通常の合同と同じである．

X の部分集合 A が，$A_1, A_2, \cdots, A_n$ に分割されているとき

$$A = A_1 + \cdots + A_n \quad \text{または} \quad A = \bigoplus_{i=1}^{n} A_i$$

と表す．

X の部分集合 A, B に対して

$$A = A_1 + \cdots + A_n, \quad B = B_1 + \cdots + B_n, \quad A_i \equiv_G B_i \quad (i = 1, 2, \cdots, n)$$

となるような，$A_1, A_2, \cdots, A_n, B_1, B_2, \cdots, B_n$ が存在するとき，A と B は $\boldsymbol{G}$-**分割合同**であるといい，$A \approx_G B$ と表わす．

バナッハ－タルスキーの定理は，$\boldsymbol{R}^3$ の 2 つの球体がつねに $M(3)$-分割合同であることを主張する．

X の部分集合 A, B に対して，A が B のある部分集合と G-分割合同であるとき，$A \ll_G B$ と表す．明らかに，$A \subset B$ ならば $A \ll_G B$ である．

補題1 (1) 関係 $\approx_G$ は同値関係である.

(2) $A=A_1+\cdots+A_n$, $B=B_1+\cdots+B_n$, $A_i\approx_G B_i$ $(i=1,2,\cdots,n)$ であるとき, $A\approx_G B$ が成り立つ.

[証明] (1) 同値関係であるための条件の1つである $A\approx_G B$, $B\approx_G C \Rightarrow A\approx_G C$ を示そう(他は明らか).

$$A = A_1+\cdots+A_m, \quad B = B_1+\cdots+B_m,$$
$$B_i = g_i A_i \quad (g_i \in G) \quad (i=1,2,\cdots,m)$$
$$B = B'_1+\cdots+B'_n, \quad C = C_1+\cdots+C_n,$$
$$C_j = h_j B'_j \quad (h_j \in G) \quad (j=1,2,\cdots,n)$$

としたとき,

$$A_{ij} = g_i^{-1}(B_i \cap B'_j) \quad C_{ij} = h_j(B_i \cap B'_j)$$

とおくと

$$A = \bigoplus_{i,j} A_{ij}, \quad C = \bigoplus_{i,j} C_{ij}, \quad C_{ij} = h_j g_i(A_{ij})$$

となるから, $A\approx_G C$ を得る. (2)は明らかだろう.

補題2 $A\approx_G B$ であるとき, 全単射 $\varphi:A\to B$ で, A のすべての部分集合 C に対して $C\approx_G \varphi(C)$ が成り立つようなものが存在する.

[証明] $A=A_1+\cdots+A_n$, $B=B_1+\cdots+B_n$, $B_i=g_i A_i$ $(g_i\in G, i=1,2,\cdots,n)$ とするとき, 全単射 $\varphi:A\to B$ を

$$\varphi(x) = g_i x \quad (x \in A_i)$$

とおいて定義する.

$C \subset A$ に対して

$$C = (C \cap A_1) + \cdots + (C \cap A_n)$$
$$\varphi(C) = \varphi(C \cap A_1) + \cdots + \varphi(C \cap A_n)$$
$$\varphi(C \cap A_i) = g_i(C \cap A_i) \quad (i = 1, 2, \cdots, n)$$

であるから,$C \approx_G \varphi(C)$ となる.

補題3 $A \ll_G B$, $B \ll_G C$ ならば $A \ll_G C$.

[証明] B の部分集合 B' と,C の部分集合 C' で $A \approx_G B'$, $B \approx_G C'$ となるものが存在する.補題2により,全単射 $\varphi: B \to C'$ で,$B' \approx_G \varphi(B')$ となるものが存在する.これと $A \approx_G B'$ から,$A \approx_G \varphi(B')$ を得るが,$\varphi(B') \subset C$ であるから,$A \ll_G C$.

補題4 (Banach-Schröder-Bernstein) $A \ll_G B$, $B \ll_G A$ ならば $A \approx_G B$.

[証明] B の部分集合 B_1 と,A の部分集合 A_1 で $A \approx_G B_1$, $B \approx_G A_1$ となるものが存在する.補題2により,全単射 $\varphi: A \to B_1$, $\psi: B \to A_1$ で

$$C \approx_G \varphi(C) \quad (C \subset A), \quad C' \approx_G \psi(C') \quad (C' \subset B)$$

となるものが存在する.帰納的に $D_0 = A \setminus A_1$, $D_{n+1} = \psi\varphi(D_n)$ $(n \geq 0)$ とおく.図A1を見れば明らかなように,$D = \bigcup_{n=0}^{\infty} D_n$ とおくと,$A \setminus D = \psi(B \setminus \varphi(D))$ が成り立つ.よって $A \setminus D \approx_G B \setminus \varphi(D)$.一方,$D \approx_G \varphi(D)$

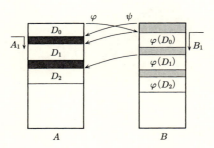

図 A1

であるから，$A=D+(A\setminus D)$, $B=\varphi(D)+(B\setminus\varphi(D))$ に注意すれば，$A\approx_G B$ を得る.

補題 5 G-空間 X の部分集合 A,B について $A=A_1\cup\cdots\cup A_n$, $B=g_1A_1+\cdots+g_nA_n$ $(g_i\in G)$ であるとき，$A\ll_G B$ が成り立つ.

［証明］ $A'_1=A_1$, $A'_2=A_2\setminus A_1$, $A'_i=A_i\setminus(A_1\cup\cdots\cup A_{i-1})$ $(i=3,4,\cdots,n)$ とおく．このとき $A=A'_1+\cdots+A'_n$, $g_iA'_i\subset g_iA_i$. $C=\bigcup_{i=1}^{n}g_iA'_i$ とおくと，$C=g_1A'_1+\cdots+g_nA'_n$ であるから $A\approx_G C\subset B$. よって，$A\ll_G B$ となる.

3. G-逆説的集合

X を G-空間とする．X の部分集合 E に対して，たがいに交わらない E の部分集合 $A_1,\cdots,A_m,B_1,\cdots,B_n$ と，G の要素 $g_1,\cdots,g_m,h_1,\cdots,h_n$ で

$$E = \bigcup_{i=1}^{m} g_iA_i = \bigcup_{j=1}^{n} h_jB_j$$

となるものが存在するとき，E を **G-逆説的集合**という.

G_1 が G の部分群であり，E が G_1-逆説的であるとき，E は G-逆説的でもあることは，定義から明らか.

補題 6 E が G-逆説的であれば，$A\approx_G E\approx_G B$, $A\cap B=\emptyset$ をみたす E の部分集合 A,B が存在する．逆も成り立つ.

［証明］ 逆は明らか．補題5の証明と同様な方法で，$A'_i\subset A_i$, $B'_j\subset B_j$ をみたす $A'_1,\cdots,A'_m,B'_1,\cdots,B'_n$ により

$$E = g_1A'_1+\cdots+g_mA'_m, \quad E = h_1B'_1+\cdots+h_nB'_n$$

とできるから，

$$A = \bigcup_{i=1}^{m} A'_i \ (=A'_1+\cdots+A'_m), \quad B = \bigcup_{j=1}^{n} B'_j \ (=B'_1+\cdots+B'_n)$$

とおけば，$A\approx_G E\approx_G B, A\cap B=\emptyset$ をみたす.

補題 7 E が G-逆説的であれば，$A\approx_G E\approx_G B, A\cap B=\emptyset, A\cup B=E$

をみたす E の部分集合 A,B が存在する．逆も成り立つ．

［証明］ 前の補題から $A\approx_G E\approx_G B$, $A\cap B=\emptyset$ をみたす E の部分集合 A,B が存在する．$E\approx_G B\subset E\setminus A$ であるから，$E\ll_G E\setminus A$. 一方，$E\setminus A\subset E$ であるから，$E\setminus A\ll_G E$. よって補題 4 により，$E\setminus A\approx_G E$ となる．あらためて $B=E\setminus A$ とおけば，$A\approx_G E\approx_G B$, $A\cap B=\emptyset$, $A\cup B=E$ を得る．

補題 8 G-空間 X の部分集合 E,E' について，$E\approx_G E'$ かつ E が G-逆説的であれば，E' も G-逆説的．

［証明］ $A\approx_G E\approx_G B$, $A\cap B=\emptyset$, $A,B\subset E$ とする．$\varphi:E\to E'$ を補題 2 による全単射とするとき

$$A\approx_G \varphi(A), \quad B\approx_G \varphi(B)$$

であり，$\varphi(A)\approx_G A\approx_G E\approx_G E'$, $\varphi(B)\approx_G B\approx_G E\approx_G E'$ であるから，$\varphi(A)\approx_G E'\approx_G \varphi(B)$, $\varphi(A)\cap\varphi(B)=\varphi$ となって，E' は G-逆説的である．

補題 9 G を文字 a,b により生成される自由群とする．G は G の左作用により，G-逆説的である．

［証明］ G の 2 つの分割

$$G = W(a)\cup aW(a^{-1}) = W(b)\cup bW(b^{-1})$$

を考える(第 5 章)．これは，G が左作用により G-逆説的であることを意味する．

G の左作用により G が G-逆説的であるとき，G を**逆説的群**という．補題 9 により，自由群は逆説的群である．

次の補題で，初めて「選択公理」を使う．

補題 10 逆説的群 G が X に自由に作用すれば，X は G-逆説的である．

[証明] 仮定から，たがいに交わらない G の部分集合 $A_1, \cdots, A_m, B_1,$ $\cdots, B_n$ と，G の要素 $g_1, \cdots, g_m, h_1, \cdots, h_n$ で

$$G = \bigcup_{i=1}^{m} g_i A_i = \bigcup_{j=1}^{n} h_j B_j$$

となるものが存在する．選択公理により G-作用の代表系 $M \subset X$ が存在する．この M について

$$X = \bigcup_{g \in G} gM, \quad gM \cap hM = \varnothing \quad (g \neq h)$$

が成り立つ．実際，M が代表系であることから，X の任意の要素 x に対して，$g^{-1}x \in M$ となる $g \in G$ が存在する．よって，X は gM $(g \in G)$ たちの和集合である．$x \in gM \cap hM$ とすると，$x = gy = hz$ となる $y, z \in M$ が存在するが，$gy = hz$ により $y \sim z$ となり，代表系の定義から $y = z$ でなければならない．よって $gy = hy$，$h^{-1}gy = y$ となり，G が X に自由に作用しているから $h^{-1}g = 1$，すなわち $g = h$ を得る．

$$A_i^* = \bigcup_{g \in A_i} gM, \quad B_j^* = \bigcup_{g \in B_j} gM$$

とおく．$A_1^*, \cdots, A_m^*, B_1^*, \cdots, B_n^*$ はたがいに交わらない X の部分集合であり

$$X = \bigcup_{i=1}^{m} g_i A_i^* = \bigcup_{j=1}^{n} h_j B_j^*$$

となるから，X は G-逆説的である．

これまでは抽象論に終始したが，いよいよ，具体的な群作用の場合に入る．

4. 回転群と自由群

回転 $g \in SO(3)$ が単位行列と異なるとき，$g\boldsymbol{x} = \boldsymbol{x}$ となるベクトル $\boldsymbol{x}$ はスカラー倍を除いて一意に定まる．この $\boldsymbol{x}$ が定める（原点を通る）直線を g の（回転）軸という．回転群 $SO(3)$ は S^2 に自由に作用しないことを注

意. なぜなら, $g \in SO(3)$ が単位行列と異なるとき, g の回転軸と S^2 との交点は, g により固定される.

補題 11

$$\alpha^{\pm 1} = \begin{pmatrix} 1/3 & \mp 2\sqrt{2}/3 & 0 \\ \pm 2\sqrt{2}/3 & 1/3 & 0 \\ 0 & 0 & 1 \end{pmatrix}, \quad \beta^{\pm 1} = \begin{pmatrix} 1 & 0 & 0 \\ 0 & 1/3 & \mp 2\sqrt{2}/3 \\ 0 & \pm 2\sqrt{2}/3 & 1/3 \end{pmatrix}$$

とおくと, $\alpha^{\pm 1}, \beta^{\pm 1}$ が生成する $SO(3)$ の部分群は, 自由群と同型である ($\alpha^{\pm 1}$ は z 軸のまわりの回転, $\beta^{\pm 1}$ は x 軸のまわりの回転であり, 回転の角度 θ は $\cos\theta = 1/3$ をみたす. θ は正四面体の二面角に等しい).

[証明] G を文字 a, b で生成される自由群とする. 単語 w に対して, その中に含まれる文字 $a, b, a^{-1}(=a'), b^{-1}(=b')$ をそれぞれ $\alpha, \beta, \alpha^{-1}, \beta^{-1}$ に置き換えて得られる $SO(3)$ の要素を $\varphi(w)$ と記す.

$$\varphi(wz) = \varphi(w)\varphi(z), \quad w \sim z \Rightarrow \varphi(w) = \varphi(z)$$

となるから, φ は G から $\alpha^{\pm 1}, \beta^{\pm 1}$ が生成する $SO(3)$ の部分群への全射準同型である. φ が単射であることをいえばよいが, このためには w が空でない既約語であるとき, $\varphi(w)$ が単位行列と異なることを示せば十分である.

w の最後の文字は $a^{\pm 1}$ であるとして, 一般性を失わない. w の中の文字の数が k であるとき

$$\varphi(w) \begin{pmatrix} 1 \\ 0 \\ 0 \end{pmatrix} = 3^{-k} \begin{pmatrix} \ell \\ m\sqrt{2} \\ n \end{pmatrix},$$

ℓ, m, n は整数で, m は 3 で割り切れない

であることを証明すればよい. k についての帰納法を使おう. $k=1$ のときは

$$\alpha^{\pm 1}\begin{pmatrix}1\\0\\0\end{pmatrix} = 3^{-1}\begin{pmatrix}\ell\\\pm 2\sqrt{2}\\0\end{pmatrix}$$

となるから OK. $k-1$ 以下のとき正しいと仮定. w の中の文字の個数が $k(\geqq 2)$ のとき,

① $w = a^{\pm 1}z$
② $w = b^{\pm 1}z$

と表わすと,帰納法の仮定により

$$\varphi(z)\begin{pmatrix}1\\0\\0\end{pmatrix} = 3^{-k+1}\begin{pmatrix}\ell'\\m'\sqrt{2}\\n'\end{pmatrix},$$

ℓ', m', n' は整数で,m' は 3 で割り切れない

である.これを使って計算すれば

① $\varphi(w)\begin{pmatrix}1\\0\\0\end{pmatrix} = 3^{-k}\begin{pmatrix}\ell'\mp 4m'\\(\pm 2\ell'+m')\sqrt{2}\\3n'\end{pmatrix},$

② $\varphi(w)\begin{pmatrix}1\\0\\0\end{pmatrix} = 3^{-k}\begin{pmatrix}3\ell'\\(m'\mp 2n')\sqrt{2}\\\pm 4m'+n'\end{pmatrix}$

よって

① $l = l'\mp 4m',\ m = \pm 2\ell'+m',\ n = 3n'$
② $\ell = 3\ell',\ m = m'\mp 2n',\ n = \pm 4m'+n'$

w について,さらに次のように場合分けする.

(ⅰ) $w = a^{\pm 1}b^{\pm 1}v,$ (ⅱ) $w = a^{\pm 1}a^{\pm 1}v,$
(ⅲ) $w = b^{\pm 1}a^{\pm 1}v,$ (ⅳ) $w = b^{\pm 1}b^{\pm 1}v$

((ii),(iv)の場合は複号同順.仮定により w の最後の文字は $a^{\pm 1}$ であるから,(ii),(iii)の場合は v が空な単語でもよい.)

$$\varphi(v)\begin{pmatrix}1\\0\\0\end{pmatrix}=3^{-k+2}\begin{pmatrix}\ell''\\m''\sqrt{2}\\n''\end{pmatrix}$$

とおこう.

(i) $z=b^{\pm 1}v$ だから,$\ell'=3\ell''$.$m=\pm 2\ell'+m'$ にこれを代入して,m' の仮定を用いれば,m は3で割り切れないことがわかる.

(ii) $z=a^{\pm 1}v$ だから,$\ell'=\ell''\mp 4m''$,$m'=\pm 2\ell''+m''$.よって

$$m=\pm 2\ell'+m'=\pm 2(\ell''\mp 4m'')+m'=\pm 2\ell''-8m''+m'$$
$$=m'-m''-8m''+m'=2m'-9m''$$

この場合も,m は3で割り切れない.

(iii),(iv)についても,今とまったく同様な方法で,m が3で割り切れないことがわかる.

5. 球面の $SO(3)$-逆説性

S^2 を原点を中心とする球面として,これを $SO(3)$-空間と考える.

補題12 球面 S^2 の可算部分集合 D で,$S^2\setminus D$ が $SO(3)$-逆説的になるものが存在する.

[証明] 単位行列と異なる $g\in SO(3)$ に対して,ℓ_g を g の回転軸とする.G を自由群に同型な,$SO(3)$ の部分群とする.G は可算集合であるから,G の単位行列以外のある要素により固定される点の集合 D も可算集合である.実際,

$$D=\bigcup_{\substack{g\in G\\g\neq I}}(\ell_g\cap S^2)$$

明らかに,G は $S^2\setminus D$ に自由に作用するから,補題10により,$S^2\setminus D$ は

G-逆説的.よって $S^2 \setminus D$ は $SO(3)$-逆説的部分集合である.

補題 13 D が球面 S^2 の可算部分集合であれば,$S^2 \approx_{SO(3)} S^2 \setminus D$.

［証明］ まず,適当に $g \in SO(3)$ を選んで,$D, g(D), g^2(D), \cdots$ がたがいに交わらないようにできることを示す.

原点に関して D に対称な集合を D' として,D と D' に含まれない点 $x \in S^2$ を選ぶ.原点と x を通る直線を ℓ として,ℓ を回転軸とする回転 g を考える.ただしその回転角 θ は,次のように選ぶ:ℓ に垂直で原点を通る平面 H を考え,それに D を直交射影した像を D_H とする(ℓ のとり方から,D_H は原点 o を含まない).角度の集合

$$\{a + n^{-1} \angle poq \mid a \text{ は有理数},\ n \text{ は自然数},\ p, q \in D_H\}$$

は可算集合である.よって,正の角度 θ で,この集合に含まれないものが存在する.この θ を回転角とすれば,

$$g^n(D) \cap D = \varnothing \quad (n \geqq 1) \tag{$*$}$$

が成り立つ.実際,$g^n x = y$ となる $x, y \in D$ が存在したとすると,$p, q \in D_H$ をそれぞれ x, y の像とするとき $\angle poq = n\theta + 360k$ となる整数 k が存在することになり,θ のとり方に矛盾する.$(*)$ から,ただちに

$$g^m(D) \cap g^n(D) = \varnothing \quad (m, n \geqq 0,\ m \neq n)$$

が得られる.

$$A_1 = \bigcup_{n=0}^{\infty} g^n(D),\ A_2 = S^2 \setminus A_1,\ B_1 = g(A_1),\ B_2 = S^2 \setminus A_1$$

とおこう.明らかに,$S^2 = A_1 + A_2$ である.一方,$B_1 \cup B_2 = S^2 \setminus D$,$B_1 \cap B_2 = \varnothing$ であるから,$S^2 \setminus D = B_1 + B_2$.さらに,$B_1 = g(A_1)$,$B_2 = A_2$ であるから,$S^2 \approx_{SO(3)} S^2 \setminus D$ を得る.

補題 14 S^2 は $SO(3)$-逆説的である.

［証明］ 補題 13 の D を補題 12 の D とすれば

$S^2 \backslash D$ は $SO(3)$-逆説的 （補題 12）

$S^2 \backslash D \approx_{SO(3)} S^2$ （補題 13）

よって，補題 8 により，S^2 は $SO(3)$-逆説的である．

補題 15 球体 K は $M(3)$-逆説的である．

［証明］ 必要であれば平行移動することにより，K の中心は原点と仮定してよい．K' を K から中心を除いた集合とするとき，$K' \approx_{M(3)} K$ であるから（第 3 章），K' が $SO(3)$-逆説的であることを示せばよい（補題 8）．

K の境界を S^2 としよう．S^2 の部分集合 A に対して，K' の部分集合 A' を

$$A' = \{tx \mid 0 < t \leq 1, x \in A\}$$

により定義する（図 A2）．

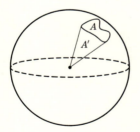

図 A2

$A \equiv_{SO(3)} B$ $(B \subset S^2)$ であるとき，明らかに $A' \equiv_{SO(3)} B'$ である．さらに，$A = A_1 + \cdots + A_n$ であるとき，$A' = A'_1 + \cdots + A'_n$ であることも明らか．このことから，$A \approx_{SO(3)} B$ であるとき，$A' \approx_{SO(3)} B'$ となることがわかる．

さて S^2 は $SO(3)$-逆説的であったから，$S^2 = A + B$, $A \approx_{SO(3)} S^2 \approx_{SO(3)} B$ となる A, B が存在．したがって，$K' = A' + B'$, $A' \approx_{SO(3)} K' \approx_{SO(3)} B'$ となるから，K' も $SO(3)$-逆説的である．

補題 16 任意の球体 K_0 は，たがいに交わらない，K_0 と同じ大きさの 2 つの球体 K_1, K_2 の和 $K_1 \cup K_2 (= K_1 + K_2)$ と $M(3)$-分割合同である

[証明] 補題 15 より $K_0 = A + B$, $A \approx_{M(3)} K_0 \approx_{M(3)} B$ となる A, B が存在する．

$$K_0 \equiv_{M(3)} K_1, \quad K_0 \equiv_{M(3)} K_2$$
$$A \approx_{M(3)} K_0, \quad B \approx_{M(3)} K_0$$

であるから，$A \approx_{M(3)} K_1$, $B \approx_{M(3)} K_2$ であり

$$K_0 \approx_{M(3)} (K_1 \cup K_2)$$

を得る．

補題 17 任意の球体 K_0 は，たがいに交わらない，K_0 と同じ大きさの n 個の球体 $K_1, K_2, \cdots, K_n$ の和 $K_1 \cup K_2 \cup \cdots \cup K_n$ と $M(3)$-分割合同である．

[証明] n に関する帰納法を使えばよい．

6. 証明の完成

バナッハ-タルスキーの定理は，球体 K, L に対して $K \approx_{M(3)} L$ が成り立つことを主張しているが，もっと一般に，球体を内部に含む $\boldsymbol{R}^3$ の有界な部分集合 K, L に対して，$K \approx_{M(3)} L$ となることを証明する．このためには $K \ll_{M(3)} L$ を示せば十分 (実際，K と L の役割を取りかえれば $L \ll_{M(3)} K$ も成り立つから，補題 4 により $K \approx_{M(3)} L$ が結論される)．

$K_0 (\subset L)$ を球体とし，K_0 と同じ大きさの球体 $K_1', K_2', \cdots, K_n'$ により K を覆う．

$$K \subset K_1' \cup K_2' \cup \cdots \cup K_n' \quad (重なり合ってもよい)$$

一方，たがいに交わらない，K_0 と同じ大きさの n 個の球体 $K_1, K_2, \cdots, K_n$ の和

$$S = K_1 \cup K_2 \cup \cdots \cup K_n$$

を用意する．補題17により，$K_0 \approx_{M(3)} S$ であるから，とくに $S \ll_{M(3)} K_0$．補題5により

$$K \subset K_1' \cup K_2' \cup \cdots \cup K_n' \ll_{M(3)} S$$

よって $K \ll_{M(3)} S \ll_{M(3)} K_0 \subset L$ となるから，$K \ll_{M(3)} L$．

これで，バナッハ–タルスキーの定理の証明が完成した．

最後に，バナッハ–タルスキーの定理に関連する結果について言及しておく．

(1) 1947年に，ロビンソン(Raphael M. Robinson)はバナッハ–タルスキーの定理において，球体の分割に必要な図形の個数は5個で十分であることを証明した．これは1929年にフォン・ノイマンが提出した問題に対する解答である．

(2) 第1章で，平面上の円に対してはバナッハ–タルスキーの定理は成り立たないと述べた．しかし，図形の移動(合同変換)の代わりに面積を保つアフィン変換を考えれば，バナッハ–タルスキーの定理の類似が成立することをフォン・ノイマンが示している(1929年)．

(3) 2次元では，バナッハ–フォン・ノイマンの定理により，通常の意味での面積を持つ2つの図形に対して，それらの面積が等しくなければ，一方を有限個に分割し集めなおして他方を作ることはできない．では等しい面積を持つ場合はどうだろうか？ 1925年にタルスキーは，「等しい面積を持つ円と正方形に対して，一方を有限個に分割して集めなおすことにより他方が得られるか」と問題を提出した．これは，古代ギリシャの円積問題との類似性から「タルスキーの円積問題」とよばれる．この問題が肯定的に解かれたのは1990年である(Miklos Laczkovich)．その証明にはやはり選択公理が使われるから，分割の仕方は構成的ではない．また，分割に現れる図形の個数は 10^{50} 程度の極めて大きな数である．

(4) 上の(3)に関連して，等しい面積を持つ2つの多角形の場合は，一方を有限個の多角形に分割して，それらを集めなおすことにより他方を作ることが可能（分割合同）である（面を共通部分とするので，集合論的分割とは異なるが，本質的な違いではない）．これは初等幾何学的に証明することができる事実であり，既に19世紀に知られていた．しかし，多面体の場合には同様なことは成り立たない．実際，等しい体積を持つ2つの四面体で，一方を多面体で分割して他方を作ることができない例が存在する．1900年にヒルベルトが提出した23個の問題の第3番目に対する解決としてM. デーンにより指摘されたこの事実は，古代ギリシャの分割合同による体積理論が「不完全」であることを意味している．51ページの囲み「ユードクソスの積尽法」では，三角錐の体積の求めるのに数量としての体積として論じたが，分割合同による体積理論では不完全な議論なのである．このことに最初に気づいたのはガウスである．

付録 2 人間業と御神託

以下の文章は，雑誌『科学』(2007 年 9 月号)に掲載された論説である．本文と重なる内容もあるが，「背理法による存在証明」や「アルゴリズム」に関連していることもあり，変更せずにそのまま再録することにした．

背理法——あるのかないのかを確かめるには

20 年ほど前，先輩の数学者から「存在証明というものは数学以外でもありうるが，非存在証明については数学の独壇場である」ということを聞いた．実際その通りで，それを肌で実感したのは，フセイン時代のイラクで大量破壊兵器が存在するかどうかが問題となったときであった．存在することを証明するには，それを実際に見つければよい．しかし，存在しないことはどのように証明するのだろうか．あらゆる場所を調査して発見できなかったからといって，兵器が存在しないという確証にはならない．隠す方法はいくらでもあるからである．存在しないという「蓋然性」が大きければそれでよしとするのが常識的判断であり，だからこそ恣意的要素が紛れ込む．イラクに派遣された国際調査団は蓋然性が大きいとしたが，米国と英国は小さいと主張し，ブッシュとブレアは戦争というパンドラの箱[*1]を開け，中東ばかりでなく世界全体を不安定にしてしまった．

数学における非存在証明は，背理法という論理と密接に関係する．「存在すると仮定したら，矛盾が起きる」ことを証明し，よって「存在しないことを結論する」のである．ここには蓋然性などという曖昧さはない．例として誰もが知っている「$\sqrt{2}$ は無理数である」という主張を考えよう．これは「$\sqrt{2}=p/q$ となる互いに素な自然数 p, q は存在しない」ということと同値である．そこで「存在する」と仮定すると，$2q^2=p^2$ である

[*1] エジプトのムバラク大統領の言葉．

ことから p が偶数であること ($p=2k$ となる自然数 k があること)，および $q^2=2k^2$ から q も偶数であることが導かれ，p,q が 2 を共通因数とすることになって互いに素であることと矛盾する．よって，「存在しない」ことが結論されるのである．

背理法は，古代ギリシャにおいて哲学における弁証法と軌を一にして誕生した．ピタゴラス(学派)が背理法の祖と言われる．古代の幾何学の集大成である「原論」の著者ユークリッドは，背理法の達人であった．上の $\sqrt{2}$ が無理数であることの証明も，本質的には「原論」に書いてあることである．現代数学でも，背理法を何重にも使いこなすことが必要となる．20 世紀末に与えられたワイルズによるフェルマー予想の証明も，論理的には背理法に依拠している．

数学における存在証明でも背理法が使われることがある．証明の構造は今述べたこととまったく同じであって，「存在しないと仮定したら矛盾が起きる」ことを証明するのである．筆者がよく引用する例を紹介しよう．「a^b が有理数となるような正の無理数 a,b が存在する」という定理の証明である．$\sqrt{2}$ は無理数であるから，もしこのような a,b が存在しないと仮定したら，$\sqrt{2}^{\sqrt{2}}$ は無理数である．そこで，$a=\sqrt{2}^{\sqrt{2}}$, $b=\sqrt{2}$ とおけば，$a^b=(\sqrt{2}^{\sqrt{2}})^{\sqrt{2}}=\sqrt{2}^{\sqrt{2}\times\sqrt{2}}=\sqrt{2}^2=2$ となって，a^b が有理数となるような正の無理数 a,b が存在しないという仮定に反する．よって，定理の主張が正しいことが証明されたことになる*2．

背理法という論理について，この例が物語る内容は重い．上でも述べたように，日常的な意味での存在証明は，「それが存在することを実際に例示する」ことによりなされるが，今の証明では，a^b が有理数となる a,b を具体的に見せてはいない*3(と言うより，騙された思いがする)．このことに不満を持つのは自然である．この不満を徹底的に煮詰めていけば，「直観主義」や「構成主義」という通常の数学とは異なる立脚点に達する

---

*2 この証明は，Peter Rogosinski と Roger Hindley による．
*3 実は $\sqrt{2}^{\sqrt{2}}$ が無理数であることが知られているから，これを認めれば具体的に見せていることになる．

ことになる．すなわち，背理法を無制限には使ってはならないという立場である．ほとんどの数学者は，このような立場を取ってはいないが，それでも「存在をいうには具体的に例示することが望ましい」と考えている．しかし，背理法に「非存在証明には使えて存在証明には使えない」という制限は置かないのである．

選択公理――「御神託」

 存在証明に適用される背理法は「具体的構成法」には拘らない論理であるが，現代数学ではさらに究極的とも言える論理上の約束事を使うことがある．それは「選択公理」という，集合論に現れる大前提である．ラッセルによる例でこれを説明しよう．靴のペアが無限個あるとき（正確にはペアに番号がついているとする），それぞれのペアから1つずつ靴を選ぶことを考える．1番目のペアから始めて順番に靴を選んでいくことが考えられるが，これではいつまで経っても終わらない．数学では，いつまで経っても終わらない証明を許さない．ところが「幸いなことに」靴には左右の区別があるから，左足の靴を選ぶと宣言すれば「一挙」に選び終わる．

 では靴の代わりに靴下を考えるとどうだろうか．靴下には左右の区別はない．したがって左足の靴下という言い方で選ぶことはできない．実際，靴下の場合は一挙に選ぶ「具体的」方法はないのである．しかし，背理法の場合と同様に，対象の違いによって制限を設けるのは不自然と考え，靴下の場合でも具体的方法はなくとも「一挙に選ぶことができる」ということを認めることにする．集合論においてこれに類することを大前提としたものが選択公理である．選択公理は，選ぶという人間の行為を超越した，まさに「御神託」とも言える約束事なのである．

 集合論は現代数学の基礎であることから，選択公理は数学の様々な分野に登場する．ほとんどの場合，それは自然な帰結に導くが，「具体的選択方法」を求めないことから，一見不思議な結果を生み出すこともある．「球体を有限個の部分に分割し，それを別の仕方で寄せ集めることにより大きさが2倍の球体にすることができる」．これはバナッハ-タルスキー

の定理とよばれる結果である．選択公理を使うその証明では，分割の具体的方法は与えていない（与えることができない）．したがって，分割に現れる球体の部分（集合）は「御神託」で作られたものであって，「人間業」では理解不能な集合なのである．

アルゴリズム——「人間業」

「御神託」と「人間業」という言葉が登場したが，「人間業」の意味を数学的に正確に表わそうとする試みが20世紀から始められた．それは計算（アルゴリズム）理論とよばれる．アルゴリズムというのは，計算機のプログラムと同義語と考えてよい．一言で言えば，プログラムとは与えられた問題を解くための有限個の「手続き」のリストである．プログラムを作ることにより解ける問題は，人間業で解ける問題と考えることができる．計算機が行なう実際の計算は時間的な意味で人間業を超えるとしても，プログラム自身は人間が作るものであるから，まさに人間業なのである．

さて，自然数の集合 N の部分集合 S を考えよう．これは球体の部分集合を考えるより，よほど考えやすい．しかし，この場合も S が「御神託」で与えられたか「人間業」で与えられたかの違いがあるのである．与えられた自然数が S に属すかどうかを判定するアルゴリズムがあれば，S は「人間業」で与えられたことになるが，そうではない（すなわち「御神託」でしか定義されない）S も存在するのだ．

「御神託」でしか定義されない S の存在は，計算機の理論的発明者であるチューリングと「不完全性定理」で有名なゲーデルの仕事と関連している．チューリングは「プログラム A により動く計算機に B をインプットしたとき，それが停止するかどうかを判定するアルゴリズムは一般には存在しない[*4]」ことを証明し，ゲーデルは「自然数論に関する有限個の公理系の下で，その肯定も否定も証明され得ない数論的命題が存在する」

[*4] 「判定可能性」より弱い，「認識可能性」という概念があり，停止するかどうかを認識するアルゴリズムは存在する．

ことを示した(不完全性定理)[*5]．ゲーデルの定理はチューリングの定理からも導かれる．また，チューリングの定理は，実数の集合と自然数の集合の間に1対1の対応がないことを証明したカントールの「対角線論法」に似た方法で証明される(これも背理法による「非存在証明」の一種である)．「人間業」では特徴付けられないSの存在も，チューリングの定理から導かれる．

「人間業」と「御神託」の区別はさらに内容を膨らませていく．数学者は，「確からしさ」，「曲がり具合」，「広さ」，「集まり」，「対称」などの日常的概念から曖昧さを取り除くことにより，「確率」，「曲率」，「測度」，「集合」，「群」のような数学的概念を生み出してきた．そして，素朴なプラトン主義者と数学者がよばれる所以(ゆえん)でもあるが，数学者にとって，それらは身のまわりにあるもの同様，この世に「実在」するものなのである．しかし，これらの概念の中にも，それぞれ「人間業」と「御神託」という区別されるべき対象が忍び込んでいる．たとえば，申し分なく明確に記述された対象(例として，有限個の生成元と有限個の関係式で定義される群)でも，その構造を「人間業」では完全には知ることができないことがある．

「人間業」で知ることのできる対象の性質を調べることは，最近の数学の動向の1つである．特に幾何学において，このような研究が活発に行なわれつつある．サーストンとグロモフの仕事を契機として発展した計算理論と幾何学の結びつきは，数学的概念に対する反省を促すという消極的理由ばかりでなく，数学を「深めていく」という，数学本来の性格の表われとして捉えるべきであろう．

[*5] 巷で飛び交う不完全性定理に対する誤解は不正確な表現によるところが多いが，残念ながら本稿の性格もあって，その詳細を述べることができない．

あとがき

　本文で述べたように，バナッハ‐タルスキーの定理は現実の物質に関する定理ではない．自然科学や工学とは無関係な，数学独自の問題意識から生まれた定理であるから，社会に直接「役立つ」ことにすべての価値を置くような文化では，このような定理は何の意味も持たないであろう．もちろん数学のある部分は，その汎用性から様々な形で人類の福祉と繁栄に貢献している．しかし，数学の「存在理由」はそれだけではない．芸術や哲学と同じように，精神文化の深化にも寄与しているのである．無限概念の歴史を辿ることにより，読者が数学の「存在理由」を読み取ることができたなら，それは筆者の大いなる喜びとするものである．

　バナッハ‐タルスキーの定理を筆者が知ったのは，「柔順な群」の理論に研究途上で出会ったときである．筆者は，1980年代の中頃に，多様体(高次元の曲がった図形)の上で定義されたラプラシアンのスペクトル理論の研究を始めたが，時とともに，その対象はコンパクト多様体の場合から，群が作用する非コンパクトな場合に興味が移っていった．そして，群が柔順なときに，スペクトルが特別な性質をもつことを明らかにしたのである．他の成果とともに，この結果を1冊の本にまとめて出版したのは1988年のことであった([9])．

　同じ年，筆者の大学時代の恩師であり，学問の上で日頃からお世話になっている志賀浩二先生の本([3])が出版された．この中では，バナッハを含むポーランドの数学者が生き生きと描かれるとともに，バナッハ‐タルスキーの定理の証明にもふれられていた．

選択公理をあたかも空気のように感じる数学者の1人として，筆者は何か虚を突かれたような思いがした．「ああ，そうだったのか」と，あらためてバナッハ–タルスキーの定理を見直したのである．この定理の背景には，人類が長い歴史の中で獲得してきた「無限」概念に関する物語がある．決して孤立した定理ではないことが心から理解できたのである．

　その後，岩波講座『現代数学への入門』の編集に関わり，その中の「現代数学の流れ」に，選択公理についての記事を書いたり，『高校生に贈る数学III』に「面積と体積の話」を書いたりしているうちに，バナッハ–タルスキーのパラドックスを主題にした啓発書を執筆したいと考えるようになった．そのような折，まさに，渡りに船というべきか，岩波書店の編集部から，この方面の啓発書を岩波科学ライブラリーの1冊として出版する話が持ち上がった．たしか，1996年の春だったと記憶する．

　さっそく，大まかなストーリーをまとめる一方，資料の収集にも励んだ．さらに，立教大学における集中講義と東北大学で行なった講義のためのノート，1997年の春に開催された学会の市民講演会のための原稿などを下敷きにして，本書の執筆を開始した．当時，啓発書については貧弱な経験しかもっていなかった筆者としては，結構ハード・ワークではあったが，一方楽しくもあった．それは，教育の楽しさに通じるものがある．だが，屋上屋を架すのたとえのように，パラドックスについての良書(たとえば，[6]，[12]，[13])の多い中で，このような本を出版する価値がどれだけあるのかと悩みもしたのである．言い訳になるかもしれないが，主題を限定しているということで，少しは本書の意味があると思っている．読者諸氏の批判を待ちたい．

旧版の出版に際しては，岩波書店編集部の濱門麻美子，吉田宇一，故宮内久男の三氏から原稿の完成まで多大の協力を得た．この三氏の，バナッハ-タルスキーの定理への強い好奇心がなければ，この本は日の目を見なかっただろう．また，今回の新版の出版に当たっては，吉田宇一氏に大変お世話になった．厚く礼を申し上げたい．

　最後に，志賀浩二先生と京都大学の上野健爾氏からは執筆の過程で数学の歴史・思想についてきわめて有益な示唆を得たことを記しておく．ここに感謝の意を表わす．

　2009 年 11 月

砂田利一

参考文献

[1] A. W. ムーア：無限——その哲学と数学，石村多門訳，東京電機大学出版局，1996
[2] I. H. ハイベルク編：ユークリッド原論，中村幸四郎他訳・解説，共立出版，1971
[3] 志賀浩二：無限からの光芒——ポーランド学派の数学者たち，日本評論社，1988
[4] R. カウージャ：バナッハとポーランド数学，志賀 浩二(監訳)，シュプリンガー・フェアラーク東京，2005
[5] R. M. セインズブリー：パラドックスの哲学，一ノ瀬正樹訳，勁草書房，1993
[6] 中村秀吉：時間のパラドックス——哲学と科学の間，中央公論社，1980
[7] 志賀浩二・砂田利一：高校生に贈る数学 III，岩波書店，1996
[8] 砂田利一：現代数学の流れ 1，第 2 章「無限を数える」，岩波書店，2004
[9] 砂田利一：基本群とラプラシアン——幾何学における数論的方法，紀伊國屋書店，1988
[10] 砂田利一：幾何入門，岩波書店，2004
[11] 砂田利一：行列と行列式，岩波書店，2003
[12] 巽友正：パラドックスとしての流体，培風館，1996
[13] 瀬山士郎：数学者シャーロック・ホームズ，日本評論社，1996
[14] 田中尚夫：選択公理と数学——発生と論争，そして確立への道，遊星社，1987
[15] ナウム・ヴィレンキン：無限を求めて——直観と論理の相克，東保まや・東保光彦訳，現代数学社，1987
[16] 山岡謁郎：現代真理論の系譜——ゲーデル・タルスキからクリプキ

へ,海鳴社,1996
- [17] Stan Wagon, The Banach-Tarski Paradox, Cambridge University Press, 1985
- [18] Peter Frankl, 前原濶:幾何学の散歩道——離散・組合せ幾何入門, 共立出版, 1991
- [19] スウィフト:ガリヴァー旅行記, 平井正穂訳, 岩波文庫, 1980
- [20] ジョセフ・メイザー:ゼノンのパラドックス, 松浦俊輔訳, 白揚社, 2009

索　引

アキレスと亀　47
アルゴリズム　105
アンティポン　41
うそつきのパラドックス　58
回転　38
回転群　69, 93
可換性　38
カントル　1, 56
カントルの定理　75
逆説的群　92
逆説的集合　91
空間　87
群　69
群作用　87
合同　88
作用　87
実無限　54
自由　87
自由群　64, 93
述語論理　14
推論　15
数学的矛盾　12
整列可能定理　83
積尽法　41
選択公理　79, 104
体積　27
代表　63
タルスキー　4

直観主義　19
ツェルメロ　82
同値関係　62, 66
同値類　67
排中律　19
背理法　16, 102
バナッハ　3
バナッハ – タルスキーの定理　8
バナッハ – タルスキーのパラドックス　2
非可換　69
ヒルベルト　1
ブラウエル　19
分割合同　88
平行線の公理　81
無限集合　32
無理数　17
命題　12
命題論理　14
ユークリッド幾何学　20
有限集合　32
ユードクソス　49
ユードクソスの積尽法　51
ラッセルのパラドックス　56
類別　61
論理　12

■岩波オンデマンドブックス■

岩波科学ライブラリー 165
新版 バナッハ-タルスキーのパラドックス

	2009年12月9日　第1刷発行
	2011年2月25日　第2刷発行
	2018年3月13日　オンデマンド版発行

著　者　砂田利一（すなだとしかず）

発行者　岡本　厚

発行所　株式会社　岩波書店
〒101-8002　東京都千代田区一ツ橋2-5-5
電話案内　03-5210-4000
http://www.iwanami.co.jp/

印刷／製本・法令印刷

© Toshikazu Sunada 2018
ISBN 978-4-00-730730-0　Printed in Japan